ABHANDLUNGEN DER DEUTSCHEN AKADEMIE
DER WISSENSCHAFTEN ZU BERLIN

Klasse für Chemie, Geologie und Biologie
Jahrgang 1958 Nr. 3

PAUL RAMDOHR

DIE URAN- UND GOLDLAGERSTÄTTEN WITWATERSRAND — BLIND RIVER DISTRICT — DOMINION REEF — SERRA DE JACOBINA: ERZMIKROSKOPISCHE UNTERSUCHUNGEN UND EIN GEOLOGISCHER VERGLEICH

AKADEMIE-VERLAG · BERLIN
1958

Vorgelegt von Hrn. Ramdohr in der Gesamtsitzung vom 24. Januar 1957
Zum Druck genehmigt am gleichen Tage, ausgegeben am 10. November 1958

Erschienen im Akademie-Verlag GmbH, Berlin W 8, Mohrenstraße 39

Lizenz-Nr. 202 · 100/721/58
Kartengenehmigung: MdI der DDR Nr. 4423
Satz, Druck und Einband: Druckhaus „Maxim Gorki", Altenburg
Bestell- und Verlagsnummer: 2001/58/II/3
Preis DM 10,—
Printed in Germany
ES 18 F 3

INHALTSVERZEICHNIS

EINLEITUNG

Vor etwa 2 Jahren konnte ich einiges mitteilen über meine erzmikroskopischen Untersuchungen an den Uran- und Golderzen des *Witwatersrandes* [12b] in einer Arbeit, die inzwischen in ziemlich unveränderter Form auch in englischer Sprache erschien [11g]. War ich damals noch weitgehend auf Material angewiesen, von dem aus Geheimhaltungsgründen mir die genauere Herkunft nicht bekannt war, so konnte ich inzwischen mein Untersuchungsmaterial ergänzen durch eigene Aufsammlungen bei einem längeren Besuch in Südafrika und durch Proben, die mir unter genauer Herkunftangabe von vielen Seiten zur Verfügung gestellt wurden. Sehr viele, auch grundlegend neue Erkenntnisse konnten daraus erarbeitet werden. Insgesamt aber sind die Ergebnisse so, daß sie die Angaben meiner früheren Arbeit zwar ergänzen und Einzelangaben verallgemeinern können, daß aber in *keiner irgendwie wesentlichen Sache* etwas zu berichtigen ist. Ich kann mich also, was den Witwatersrand betrifft, hier meist kurz fassen und auf die erste Arbeit verweisen.

Das *Dominion Reef* wurde in seiner Sonderstellung (s. u.) erst neuerdings herausgestellt. Ich hatte Gelegenheit, eine in Entwickelung befindliche Grube (unter Führung von Herrn Dr. Simpson) selbst genau besichtigen und von zwei weiteren mir zur Verfügung gestelltes reichliches frisches Bohrkern- und Fördergut verarbeiten zu können.

Im Oktober 1956 war mir vergönnt, im *Blind River District* in Ontario die damals einzige voll im Betrieb befindliche Grube, die Pronto Mine, zu besuchen. Aus derselben Gegend erhielt ich inzwischen typisches, sehr fachkundig gesammeltes Gut aus mehreren weiteren Gruben, auch einiges aus Bohrungen und Schürfen, die bisher nicht bergmännisch ausgewertet sind.

Erst neuerdings bekam ich aus den Aufschlüssen der *Serra de Jacobina* in Brasilien zur Untersuchung geeignete Proben. Durch die Tatsache, daß über diese Vorkommen allgemein nur wenig bekannt ist, wie durch die Spärlichkeit des Untersuchungsmaterials können über dieses Vorkommen keine ganz so umfassenden Angaben gemacht werden wie in den anderen Fällen.

Große Hilfe wurde dem Verfasser zu Teil durch die verschiedenartigste tätige Mitarbeit von Kollegen. Zuerst muß da erwähnt werden die großzügige *Gastfreundschaft*, die ihm von Einzelpersonen wie von Gesellschaften bei seinen Besuchen in Canada und Südafrika zu Teil wurde. Sodann ist zu nennen das große Entgegenkommen bei der *Beschaffung von Material*, das ich nicht selbst sammeln konnte. Ich führe da die Namen meiner Freunde AMSTUTZ, BUCHMANN, FROHBERG, GEVERS, HAST, JOHNSTON, LIEBENBERG, NEL, WIEBOLS, WILLEMSE, ZESCHKE an, mit denen fast stets im Zusammenhang mit den Sendungen eine Fülle von Anregungen und Diskussionen sich von selbst ergab.

Zu danken habe ich weiter der DEUTSCHEN AKADEMIE DER WISSENSCHAFTEN ZU BERLIN, die mir wie stets ihr großes Interesse an meinen Arbeiten und einen würdigen Rahmen für die Veröffentlichung schenkte. Die DEUTSCHE FORSCHUNGSGEMEINSCHAFT unterstützte mich in freundlichster Weise in apparativer wie personeller Hinsicht.

Meine Assistenten DR. FRENZEL und DR. STUMPFL waren bei der Verarbeitung des Bildmaterial stets hilfsbereit tätig, letzterer hat mich auf meiner letzten Südafrikareise unterstützt. Der Kunst meines Präparators LÄMMLER verdanke ich die z. T. sehr schwer in dieser Qualität herstellbaren Präparate.

GEOLOGISCHE GEGEBENHEITEN

Allgemeines. Witwatersrand, Blind River Distrikt, Dominion Reef System und Serra de Jacobina stehen heute als in der Produktion von Gold und Uran sehr wesentliche, in den nachgewiesenen Reserven führende Lagerstättengebiete im Mittelpunkt des Interesses.

Gemeinsam ist allen, daß die bauwürdige Metallführung überall geknüpft ist an eine Mehrzahl, im Witwatersrand große Vielzahl von Konglomerathorizonten, bevorzugt aufgebaut aus Quarzgeröllen. Der Urangehalt liegt in verschiedener Form vor, aber in den unverwitterten Teilen allemal in U^{+4}-Bindung; das Gold kann reichlich (Witwatersrand) bis sehr spärlich sein (Blind River) und ist fast stets fein verteilt. In allen Fällen ist als Begleitmineral viel Pyrit vorhanden, oft so, daß zwischen der Menge von Pyrit und den bauwürdigen Mineralien eine klare Parallelität herrscht, anderswo besteht die Parallelität aber nicht. Wenngleich größere Gold- oder Uranmengen wohl immer von Pyrit begleitet sind, so braucht Pyrit seinerseits nicht immer nennenswerte Gehalte zu bedeuten.

Alle Vorkommen gehören dem Präkambrium an. Die altersmäßige Einstufung macht, wie wir später leicht verstehen werden, große Schwierigkeiten. Heute weiß man, daß erhebliche Altersunterschiede bestehen, wahrscheinlich — hier muß ich mich ganz auf das Schrifttum und auf eine Unterhaltung mit Kollegen L. H. Ahrens verlassen — ist das Dominion Reef mit roh 3000 Millionen Jahren weitaus am ältesten, das Witwatersrandsystem etwa 1800, die Blind River Konglomerate 1200 Millionen Jahre alt — alle Angaben natürlich nur als *ganz* roher und erster Hinweis (weiteres später!).

Jedem, der auch nur oberflächlich Proben angesehen hat, fällt die große Ähnlichkeit in allen Fällen auf, eine Ähnlichkeit, die bei gründlicherer Kenntnis sich nur immer wieder bestätigt und die von den großen Ähnlichkeiten im geologischen Bild bis in feine erzmikroskopische Einzelheiten geht[1]). Wenn im folgenden besonders Unterschiede hervorgehoben werden, so darf das keinen falschen Eindruck erwecken — das Übereinstimmende sagt man nur einmal, Verschiedenes muß mehrfach gebracht und genauer ausgeführt werden! Insgesamt sind die Übereinstimmungen so, daß man mit allergrößter Wahrscheinlichkeit die Bildung in allen Fällen als sehr ähnlich wird annehmen müssen. Das ist denn auch, ganz gleichgültig welche Schulmeinung die betr. Autoren vertraten, von wohl allen, die bisher im Schrifttum vergleichende Betrachtungen anstellten, betont worden.

Da die einzelnen Vorkommen, um die Vollständigkeit einigermaßen zu gewährleisten — ganz ist das wegen vertikaler wie horizontaler Verschiedenheiten auch in den Einzelgebieten nie möglich —, mit ihrem gesamten Erzmineralbestand und Strukturen beschrieben sind, sind Wiederholungen nicht vermeidbar.

Im folgenden werden Witwatersrand *W. W. R.*, Blind River Gebiet *Bl. R.*, Dominion Reef *D. R.* und Serra de Jacobina *S. J.* abgekürzt. — Die Reefs der Black Reef Serie werden mit dem W. W. R. zusammen behandelt, da sie räumlich meist dahin gehören und abgesehen von gewissen „jugendlichen" Merkmalen ihm auch in der Vererzung ähneln. Da das Black Reef erheblich jünger als das W. W. R.-System ist, ist das natürlich eine an sich nicht korrekte Vereinfachung.

[1]) Ich selbst würde, trotz reichlicher Beschäftigung mit der Materie, mich keineswegs im Stande fühlen, etwa unetikettierte oder verwechselte Proben fundortmäßig ohne mikroskopische Untersuchung in allen Fällen zu bestimmen.

ERGÄNZENDE BEOBACHTUNGEN ZUM WITWATERSRAND

Seit meine Witwatersrandarbeit erschien (1955), erhielt ich neues reichliches Material, so daß ich weiter etwa 80 Schliffe von mir bisher nicht zugänglichen Gruben bzw. Reefs und dazu noch eine große Anzahl von Duplikatschliffen älterer Stücke untersuchen konnte. — Besonders wichtig waren wegen geologischer Überlegungen Proben aus verschiedenen Teilen der Government Reef Serie, wegen des Reichtums an Uran bzw. Gold aus den Horizonten des Monarch Reefs bzw. dem Carbon Leader, und schließlich wegen metamorpher Erscheinungen dem Ventersdorp Contact Reef. Aber auch sonst konnten viele neue Beobachtungen gemacht werden. —

Überraschend war zunächst die Feststellung, daß dort, wo kohlige Substanz ganz oder fast ganz fehlt, die „Prontoreaktion" ([12d] u. unten) auch hier eintritt, und daß das Mineral mit trübweißen Innenreflexen, das ich schon in meiner alten Arbeit mit einem ungefähren Brechungsindex von 2.2—2.3 als häufige Umhüllung der „Uranpecherzgeister" erwähnte, ebenfalls wahrscheinlich Brannerit ist. Bevor ich die Proben aus Pronto kannte, war diese Erkenntnis natürlich unmöglich.

Weiterhin konnte ich die Beobachtung von LIEBENBERG [8], der besonders im Monarch Reef auch Uranpecherz einer jungen Generation gefunden hatte, bestätigen, wenn auch wohl sehr vieles, was LIEBENBERG dafür hielt, nur kompakterer Brannerit ist. Das nicht anzuzweifelnde junge Uranpecherz — ich hatte sein Vorkommen, ohne es belegen zu können, schon als durchaus plausibel bezeichnet — tritt mengenmäßig *ganz* zurück und scheint mindestens sehr oft, wenn nicht immer, aus Brannerit zurückgebildet zu sein.

Die dritte m. E. wesentliche Neufeststellung ist, daß im Monarch Reef der Nordwestgruben und z. T. im Government Reef („Horizon 5 Reef") der Anteil von Arsenkies viel höher ist als sonst. Ich versuche, mir das so zu erklären, daß das Govt. Reef in der Gegend von Klerksdorp viel Material des Dominion Reef aufgearbeitet hat, und daß die Krügersdorp-Gegend eine Zufuhr enthielt, die sich sonst nicht auswirkte.

Wenn ich schon in meiner letzten Arbeit annehmen konnte, daß gewisse konkretionäre Pyritgerölle jüngerer Reefs aus den ursprünglich tonigen Horizonten des Witwatersrandsystems stammen, so ist durch das Vorkommen von typischen „Kaolinwürmchen" in solchen Pyriten, durch die Einhüllung der Umbildung zu Sericit entzogen, diese Annahme wesentlich gestützt, wenn nicht bewiesen worden.

Die eng damit verknüpfte Überlegung, daß immer jüngere Reefs mehr und mehr Gelegenheit haben werden, Pyrit komplexerer Herkunft aus älteren Reefs, deren Zuzugsgebiete ja immer etwas variierten, zu führen, bestätigte sich durchaus. Besonders monoton ist das Govt. Reef, besonders vielgestaltig z. B. Black Reef und Black Reef Channel, auch schon z. T. Kimberley Reef und Basal O. F. S. Selbstverständlich gilt das nur als Regel!

Mineralbestand. Natürlich sind nur einigermaßen wesentliche, neue oder berichtigende Beobachtungen mitgeteilt. Dagegen werden ein paar neue, instruktive Photos auch schon von früher genauer besprochenen Dingen beigegeben.

Pyrit.

Bei den neuen Untersuchungen schien es mir von Interesse, besonders auf Strukturen zu achten, die eine komplexere Geschichte des fraglichen Gerölls, besonders mehrfache Umlagerungen und Klassierungen aus älteren Reefs beweisen, wie sie ja bei der in Südafrika gültigen Placer-Theorie verlangt werden. Das war in *sehr vielen* Fällen *erfolgreich*, besonders bei Geröllen, die aus einem Individuum bestehen und dann zu jüngeren Fortwachsungen neigen. Schematisch seien ein paar Fälle nachgezeichnet:

1.) zeigt einen ursprünglich stark zonaren Kristall, der abgerollt ins Reef a kam, dort mit durch Fremdeinschlüsse stark zonarer Außenkruste weiterwuchs, umgelagert und erneut abgerollt ins Reef b geriet, um vielleicht dort erneut weiterzuwachsen, gewissermaßen auszuheilen.

2.) stellt ein Korn dar, das im Reef a vielleicht zwischen zwei größeren Quarzgeröllen zerdrückt war, hier den Bruch ausheilte und weiterwuchs, z. T. in dem Sprung auch etwas Kupferkies absetzte, wieder abrollte und ins Reef b kam. Diese beiden Schemata sind, sehr variabel abgewandelt, häufig. Auch früher infiltrierte und z. T. in Magnetkies verwandelte oder durch Kupferkies verdrängte porige Gerölle können weiterwachsen und erneut abgerollt erscheinen.

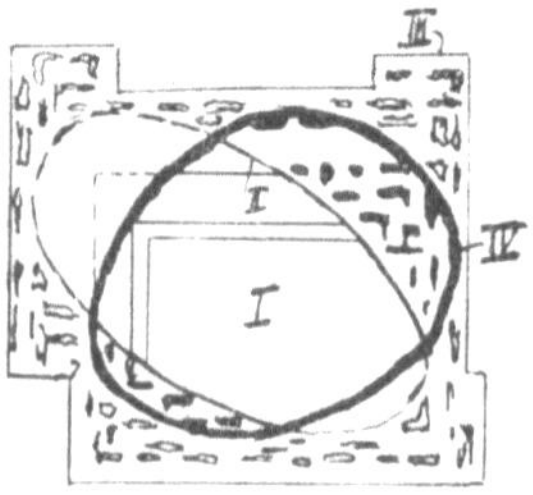

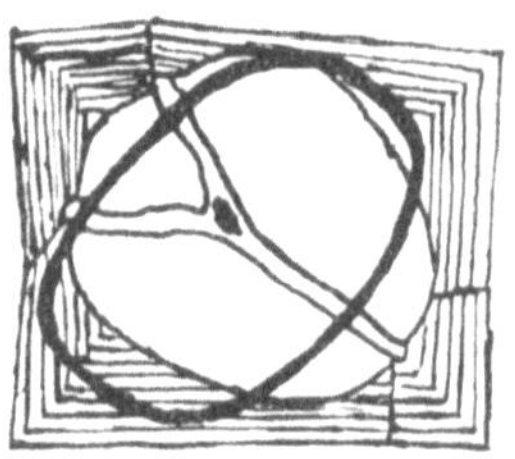

Weiter wurde, bes. auf Grund der zahlreichen Beobachtungen ähnlicher Art am Bl. R. die „Anknabberung" auf Grund radioaktiver Einwirkung neben Uranpecherz und Brannerit verfolgt. Größere Aussicht hat das — in Hinblick auf den am W. W. R. im Durchschnitt erheblich kleineren Gehalt ($\sim 1/10$) an Uran — natürlich nur in Reefteilen, wo hohe Aktivitäten bekannt sind. Dann sind die Erscheinungen aber auch völlig analog; auch hier ist Neubildung von FeS und Verdrängung durch $CuFeS_2$ genau dort, wo die Strahlungsquelle unmittelbar benachbart ist, aber nicht sonst, allgemein. Bemerkenswert ist, daß dabei die alten Konturen des teilweise weggelösten Pyrits gut erkennbar bleiben können (Abb. 4, 5, weiteres Material bringe ich in 12f).

Die „*Alteinschlüsse*", wie ich hier die kleinen meist runden bis ovalen Einschlüsse des Pyrits nenne, die dieser bereits aus der Ursprungslagerstätte mitbrachte, wurden ebenfalls zu Vergleichszwecken etwas gründlicher verfolgt, als ich das [12b] (S. 30/31 u. Abb. 98, 110) durchführte. Insgesamt wurden beobachtet: Magnetkies, Kupferkies, Bleiglanz, Zinkblende, Valleriit, Cubanit, Gold, Fahlerz, Magnetit und ein einziges Mal, aber sicher (May Reef), Zinnstein. Während die drei oder vier erstgenannten in Ausgangslagerstätten sehr verschiedener Natur vorkommen könnten und so sedimentpetrographisch wenig besagen, könnten die anderen bei systematischer Verfolgung schon Hinweise liefern. *Gold*, das als Seltenheit wohl in Pyriten aller Reefs schon einmal vorkommt (und hier Anlaß zu gewissen Verlusten gibt), ist in manchen Reefs entschieden häufiger. Der weitaus wichtigere Typ ist viel weißer als das Gold außerhalb der Pyrite, das umgelagert ist. Daneben gibt es, sehr selten, Pyrite mit sattgelbem Gold als Alteinschluß. Der gewöhnliche Typ lag mir relativ besonders häufig vom Govt. Reef und dem Basal part des Vaal Reef von Buffelsfontein vor.

In einigen Abb. (6, 7, 8, 9, 10) werden noch einige besonders schöne Gerölltypen — näheres siehe Abbildungserklärung —, im Konglomerat zerbrochene Gerölle (Abb. 11) und aus Skeletten aufgebaute porige Knollen (Abb. 12) gezeigt. Besonders instruktiv ist der Ausschnitt aus einem etwa 1 cm großen Geröll aus dem Basal Reef (Abb. 13), das aufgebaut ist aus Pyritgeröllen (auch solchen von Chromit, Rutil und etwas Quarz), die aus früheren Reefs a_1, a_2, a_3 . . stammen, in einem zweiten Reef b mit Pyrit verkittet wurden und nun als komplexes Geröll im Reef stecken! — Die an sich keineswegs überraschende Tatsache, daß porige Knollen mit ihrer großen „inneren Oberfläche" stark fällend auf das gelöste Gold der Nachbarschaft wirken, zeigt Abb. 14. Höchst eigentümliche Strukturen, die gewissen organogen (Flora anaerober

Bakterien) bedingten jüngerer Formationen sehr ähneln, zeigt Abb. 15; das Vorkommen stammt aus dem Black Reef, ist also erheblich jünger als der eigentliche Witwatersrand.

Arsenkies

Dieser ist in meiner ersten Arbeit etwas stiefmütterlich behandelt worden, da zufällig besonders Reefs und regionale Gebiete von solchen untersucht wurden, in denen Arsenkies relativ zurücktritt. In einigen Reefs des West Randes, besonders im Govt. Reef und den verschiedenen Teilen des Monarch Reefs ist er viel reichlicher und kann im letzteren auf pyritreichen Teilen etwa $^1/_5$ der Pyritmenge erreichen. Da er gerade hier sehr oft mit Uranpecherz oder Brannerit vergesellschaftet ist, zeigt er genau wie im D. R. oft prächtig radioaktive Verfärbung und Korrosion (vgl. meine Arbeit [12f]), gelegentlich auch randliche Neubildung von Magnetkies, selten auch Verdrängung durch Kupferkies und Bleiglanz *gerade an* und *nur an* den stark bestrahlten Stellen. — *Alteinschlüsse* sind häufig, aber gemäß der sicher monotoneren Herkunft weniger wechselvoll; Gold ist darunter nicht selten. — Die Geröllform ist stets typisch, vielleicht noch auffälliger als bei Pyrit, da Fortwachsungen allgemein fehlen. — Die *Kataklase* ist oft sehr gut erkennbar. Sie ist vor radioaktiver Verfärbung erfolgt, also jedenfalls sehr alt.

Im allgemeinen wird bei dem relativ sehr kleinen Anteil von Arsenkies bei Lösung und Umlagerung Arsen nicht wieder Arsenkies bilden, sondern in den neugebildeten Pyrit gehen. Ausschließlich in den zwei überhaupt arsenkiesreichsten Proben (Upper Monarch Reef, Zone IV) ist in kleinem Umfang Arsenkies in winzigen scharfen Kriställchen *neugebildet.*

Uranpecherz

Dadurch, daß mir jetzt auch Proben aus besonders Uranreichen Reefpartien in größerer Zahl vorliegen, wurde zwar mein Vergleichsmaterial sehr vergrößert, es ergab sich aber, daß wesentliche Neuangaben gegenüber LIEBENBERG [8], der ja Uranpecherz besonders behandelt hat, und meiner ersten Arbeit kaum zu machen sind. Ohne daß ich auch heute mich auf die Behauptung festlegen möchte, daß *alles* detritogene Uranpecherz — und das sind sicher 99% — aus „Uraninit" besteht, so ist mein Eindruck, daß das in der überwiegenden Mehrzahl der Fälle zutrifft, nur gefestigt worden. Die möglichen Kennzeichen: Spaltrisse, Zonenbau, Reste von Idiomorphie einerseits — oder, bei traubig schaliger „Pechblende", konzentrisch-schaligen Wechsel von Farbe, Reflexionsvermögen, Porigkeit, Absonderung oder auch Schrumpfrisse und radiale Ausheilungen andererseits, weisen eindeutig auf „Uraninit" hin, sobald eine Angabe überhaupt zu machen ist. Die zunächst vielleicht überraschende Tatsache, daß (gegenüber Bl. R. und D. R.) die Körner im Durchschnitt erheblich mehr gerundet sind, hängt sicher *nicht* mit ehemaliger Kugeligkeit oder Traubigkeit zusammen, sondern ist bedingt durch länger dauernde bzw. wiederholte Abrollung. Sehr bezeichnend ist dabei übrigens, daß wirklich kugelige Formen ganz zurücktreten, sondern fast immer Abrollungsellipsoide vorliegen (vgl. [12b] Abb. 66ff.).

Es muß übrigens darauf hingewiesen werden, daß ebenso wie am Bl. R. auch sehr uranreiche Reefteile überhaupt kein Uranpecherz (und auch keinen „Thucholith") zu enthalten brauchen, sondern nur noch „Geister" und sie begleitenden Brannerit führen können.

In einigen Fällen sind zonar von innen heraus zersetzte Kristallkörner (praktisch gleich Abb. 32 vom Bl. R.) mit erhaltener Außenkruste festgestellt. Etwas rätselhaft bleiben kranzförmige dünne Krusten ohne erkennbare Feinstrukturen; ich glaube, daß es sich um Uranpecherz handelt, das aus Brannerit zurückgebildet wurde — also hier einmal um authigenes!

In diesem Zusammenhang möchte ich übrigens einen kleinen z. T. berichtigenden Zusatz zu meiner Idee [12b] (S. 36/7) machen, daß durch den radioaktiven Zerfall und die stets wieder notwendige Regeneration das Gitter sich allmählich soweit „aufrauht", daß die Spaltbarkeit abnimmt und schließlich verlorengeht. Ein Vergleich von synthetischen Uranpecherzkristallen, die sehr gut spalten, mit solchen aus uralten Pegmatiten zeigt, daß diese Annahme unbedingt richtig ist. Dagegen habe ich wohl die Zeit, die nötig ist, diesen Effekt hervorzurufen, erheblich zu niedrig eingeschätzt. Uranpecherzkristalle varistischen Alters, also etwa 250 Millionen Jahre alt, können noch sehr merkbare Reste von Spaltbarkeit zeigen.

Auch hier werden einige neue Photos zur Ergänzung gebracht. Abb. 16 zeigt, daß auch am W. W. R. die Uranpecherzkörner keineswegs immer gut gerundet sind. Würfelige Kristallform mit Andeutung oktaedrischer Spaltbarkeit läßt ein schon weitgehend zersetztes Korn erkennen inmitten einer Branneritwolke (Abb. 17), Zonenbau mit Eindringen von Bleiglanz (Abb. 18), einen wegen seiner Kleinheit kaum abgerollten überwiegend oktaedrisch entwickelten Kristall mit sehr auffälliger (durch Bleiglanzeinlagerung unterstrichener) Spaltbarkeit (Abb. 19).

Brannerit

Nur der Vergleich Blind River — Dominion Reef — Witwatersrand konnte zeigen, daß auch am W. W. R. ein sehr großer Anteil des Urans als Brannerit vorliegt. Wenn man aber einmal auf ihn aufmerksam geworden ist, erkennt man ihn allenthalben, ebenso die Besonderheiten seines Auftretens und seiner Paragenese.

In der überwiegenden Zahl der Fälle ist er hier ganz feinkörnig, daß man nur das Reflexionsvermögen einigermaßen schätzen, aber über die Kornform keine Aussagen machen kann. Selten einmal erkennt man auch typisch säulig-nadelige Kristalle (etwa wie Abb. 61 D. R.); sogar die Anatasdurchstäubung kann einmal erkennbar sein.

Die „Pronto-Reaktion" UO_2+2 bis 3 TiO_2 geht hier häufig nicht zu Ende, so daß oft genug Uranpecherz, Brannerit und Rutil im selben Schliff nebeneinander erscheinen. Immerhin ist auch hier bezeichnend, daß Rutil-reiche Partien arm an Uranpecherz sind und umgekehrt. Kompakte Rutilgerölle werden naturgemäß viel langsamer verdaut, als die feinkörnigen Aggregate der Ilmenitpseudomorphosen, immerhin kann die Reaktion, falls ein Uranpecherzkorn in großer Nähe liegt, gut erkannt werden.

Die Vergesellschaftung mit FeS-Täfelchen, S. 18 bei Bl. R. genau beschrieben, ist auch hier gemein; nur selten, immerhin gelegentlich, bildet sich in den Branneritpseudomorphosen nach Rutil, etwas häufiger vielleicht in denen nach Uranpecherz auch kompakterer Pyrrhotit.

Die Umhüllung der Uranpecherzgeister mit Branneritmassen ist in vielen Abbildungen meiner früheren wie meiner neuen Arbeit erkennbar (63, 68a, 70, 74, 77 in [12b], 21, 21a, hier). Dabei kann angedeutet sowohl Zonenbau wie Spaltbarkeit des Uranpecherzes abgebildet sein.

In vielen Fällen hat genau wie Uranpecherz auch Brannerit die „Anknabberungen" von Pyrit und Arsenkies und die Höfe im letzteren hervorgerufen.

Der oft sehr feinen Verteilung von Rutilstaub — wohl bedingt durch mehrfache Umarbeitung der Reefs — geht die Tatsache parallel, daß auch Brannerit oft sehr fein staubförmig im Bindemittel verteilt ist, sich also nicht auf die Ilmenit → Rutilpseudomorphosen beschränkt. Dann wird er aber natürlich auch in recht guten Schliffen leicht übersehen (in schlechten mit Sicherheit!).

Bemerkenswert war die Beobachtung, daß kohlige Substanz, die aus irgendeinem Grund lokal wegoxydiert ist, aus dem gelösten UO_2 sofort Brannerit entstehen läßt.

Auf Brannerit sich beziehende Abbildungen sind: 20, 21, auch 4, 17.

Über Rutil ist einiges schon bei Brannerit gesagt. Einen Schnitt etwa //(0001) einer Ilmenit → Rutilpseudomorphose, wo die zahlreichen und groben Hämatitkörper weggelaugt sind und als schwarze Löcher erscheinen, gibt Abb. 22.

Von weiteren Mineralien wären nur gelegentliche Neubeobachtungen nachzutragen, die nur wegen möglicher, hier aber meist offengelassener allgemeingeologischer Schlüsse mitgeteilt sind.

Über die „*kohlige Substanz*" und ihre radioaktiv bedingten Veränderungen, ist an anderer Stelle [12f] Mitteilung gemacht.

Zinnstein wurde in sehr seltenen Fällen, besonders in Horizonten der Govt. Reef Serie beobachtet.

Neben Chromit kommt mehrfach ein *Chromspinell* mit merklich kleinerem Reflexionsvermögen und massenhaft feinsten Entmischungen vor.

Gold ist in den Reefteilen mit besonders großem Urangehalt gelegentlich bevorzugt auf stark bestrahltem Pyrit und dem dort entstehenden Magnetkies ausgefällt.

Gelegentlich findet sich in Geröllen ein rutilartig verzwillingtes Mineral mit sehr wenig Innenreflexen und etwas kleinerem Reflexionsvermögen als Rutil — vielleicht *Ilmenorutil.*

Von den beim Dominion Reef erwähnten noch nicht bestimmten Mineralien ist x in verschiedenen Reefs[1]), besonders aber im Govt. Reef, y (sehr selten!) nur in diesem vorhanden.

Einige Worte verdient der Magnetkies vom *Ventersdorp Contact Reef.* Hier kommen gelegentlich Reefteile in unmittelbaren Kontakt mit durchsetzenden oder überlagernden Laven. Hierdurch wird, oft anscheinend in sehr schonender Form, der Pyrit abgeröstet. So können die charakteristischen Pyritgerölle mit allen Struktureigentümlichkeiten in Magnetkies pseudomorphosiert sein. Das ist beobachtet auch an ausgezeichnet radialstrahligen Buckshots bis zu $^1/_2$ cm Größe! Die Einwirkung geht zweifellos nicht tief, vielleicht 5—10 cm, ist aber in unmittelbarer Kontaktnähe außerordentlich instruktiv. In etwas kontaktferneren Partien werden kleine Gerölle völlig in Magnetkies übergeführt, während große idioblastisch weitergewachsene „klare" Körner viel wiederstandsfähiger sind. Durch die hier entstehenden recht großen FeS-Mengen ist der relative Pentlanditanteil niedriger als in den anderen Magnetkiesen im W. W. R.

Meines Erachtens genügt diese Beobachtung allein, absolut sicher zu beweisen, daß der Pyrit als solcher und zwar als Geröll vorhanden war, als der Ventersdorp-Vulkanismus einsetzte. Auch Uranpecherz war schon vorhanden und zeigt gerade hier gute Spaltbarkeit. Manchmal wird es von dem neuentstehenden Magnetkies eingeschlossen und so natürlich vor Branneritbildung geschützt.

Auch über die bauwürdigen Konglomerate der *Govt. Reef Serie,* die ältesten des eigentlichen W. W. R. seien einige gelegentlich schon früher gemachte Angaben nochmals zusammengestellt.

Zirkon ist häufiger als sonst, insbesondere sind stark zonare Kristalle noch sehr verbreitet.

Das *fragliche Mineral* x, sonst im W. W. R. sehr selten, ist hier verbreitet, auch y kommt gelegentlich vor.

Arsenkies ist viel häufiger als sonst (abgesehen vom Monarch Reef des NordWest Rands).

Die *Gerölltypen* des Pyrits sind viel eintöniger als in späteren Reefs.

Granat und *Monazit* kommen als Geröll nicht gerade selten vor.

Alle diese Beobachtungen zeigen einen gewissen „primitiven" d. h. weniger energisch umgelagerten Zustand dieser Reefs an. Trotz der dazwischenliegenden enormen Mächtigkeiten der Hospital Hill Serie ist noch unbedingt eine engere Beziehung zum Dominion Reef erkennbar.

BLIND RIVER DISTRICT, ONTARIO

Dieser großartige, an Ausdehnung wie Förderung gleich bedeutsame Lagerstättenkomplex ist erst seit wenigen Jahren bekannt und besonders durch die Tatkraft von Frank Joubin er-

[1]) In meiner ersten Arbeit in Abb. 81.

kundet und aufgeschlossen worden. Wenngleich durch viele Pressemitteilungen wie durch zahlreiche für den interessierten Laien oder Wirtschaftler geschriebene Aufsätze über die Geologie einiges Allgemeine als bekannt vorausgesetzt werden kann, so sei doch auf Grund der Literaturstellen [13, 15, 18] ein kurzer Überblick gegeben.

Das fragliche Gebiet schließt unmittelbar nördlich an den Lake Huron an. Es ist an sich seit langem geologisch einigermaßen bekannt, die jetzt so wertvollen Konglomerate waren sogar auf Gold prospektiert. Der geologische Aufbau ist recht einfach: Uralte Gesteine, hauptsächlich hochmetamorphe basische Vulkanite, Sedimente und vergneiste Granite werden von jüngeren Graniten durchbrochen. Beides bildet die Unterlage, auf die das Huron transgrediert. Das eigentliche Transgressionskonglomerat wie andere bald darauf folgende sind reich an Uran. Im augenblicklichen Zustand bildet das Huron flache Sättel und Mulden, von denen die Sättel größtenteils erodiert sind.

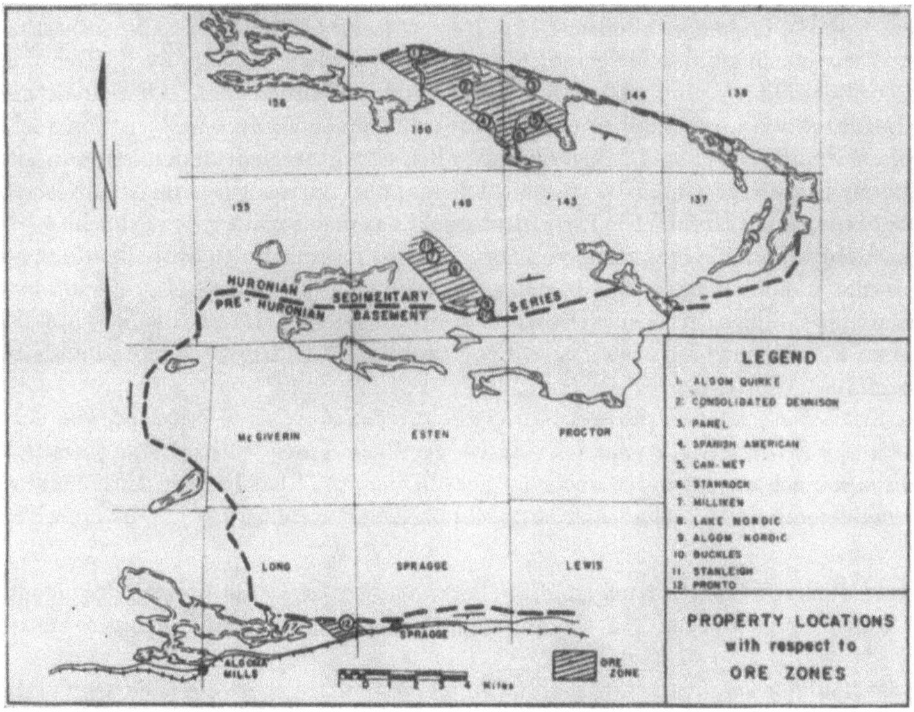

Dadurch, daß die alte Landoberfläche stark verwittert gewesen sein muß (jetzt lockere sehr feinkörnige Gesteine aus Sericit + Quarz bzw. Sericit + Chlorit), ist die Lage der eigentlichen Transgressionsfläche oft nicht ganz klar. Die Huron-Stratigraphie ist neuerdings genauer untergegliedert worden. Nach ROSCOE ist die Benennung jetzt wie folgt: (siehe nächste Seite)

Die Mächtigkeiten schwanken sehr erheblich, so daß Angabe von Mächtigkeiten unterlassen ist.

Die Konglomerate aus Quarzgeröllen (Quartz pebble conglomerate im Gegensatz zu den viel gröberen Boulder conglomerates) beginnen am Liegenden und keilen oft aus um wieder einzusetzen. Klare Altersbeziehungen bestehen unter ihnen nicht. Die Mächtigkeiten schwanken enorm, besonders mächtige (und reiche) Partien sind Ausfüllungen flacher Täler im Untergrund. Die Partien am reichsten an Uran sind dichtgepackte, quarzreiche Konglomerate mit gleichzeitig hohen Pyritgehalten. Meist sind diese Teile etwa 3 m, in größeren Gebieten bis 10 m mächtig. Die am frühesten entwickelte Pronto Grube im Süden, wenig nördlich einer parallel dem Nordufer des Sees verlaufenden Verwerfung, wird an Förderung heute von einigen weiter nördlich im Bereich des Quirke und Elliot Lake gelegenen Gruben übertroffen. Die für dieses Gebiet charakteristischen hohen Gehalte und großen Mächtigkeiten, konzentriert in zwei „Valley Strukturen", sind in irgendeiner Weise in Beziehung zu einem Körper stark metamorphosierter basischer Gesteine (greenstone) im Untergrund.

Die Radioaktivität der Konglomerate ist überall hoch, beruht aber in weiten Gebieten hauptsächlich auf Thorium, gebunden überwiegend in Monazit. Das Verhältnis Th : U schwankt zwischen 150 : 1 bis 1 : 20. Von wirtschaftlichem Interesse sind natürlich vorläufig nur die Partien mit überwiegendem Uran.

Im Abbau bzw. vor Beginn der Förderung stehen z. Zt. 10 Gruben. Die Uranproduktion mag für 1957 schon etwa 6000 t betragen haben.

Gowganda	Dunlop
Serpent	Group
Espanola	Quirke
Bruce	Group
Ten Mile	Mississagi
Whiskey	Group
Nordic	Elliot
Matinenda Transgression Residualmassen	Group
Prä-Huron	

Das offene Eingeständnis der canadischen Geologen, daß sie über die Lagerstätte als Ganzes noch zu wenig wüßten, um ein einigermaßen fundiertes Urteil über die Genesis abgeben zu können, ist überaus anerkennenswert. TRAILL sagt sehr vorsichtig und gleichzeitig humorvoll: „To admit ignorance as to the genesis of the mineralisation is eminently more constructive than to reach a conclusion by adaptly juggling a few scanty facts" und zitiert dazu MARK TWAIN „I was gratified to be able to answer promptly, and I did: I said I didn't know!" — Ich werde versuchen, einige Tatsachen mitzuteilen, die wenigstens den Schluß erlauben, daß die große äußere Ähnlichkeit mit dem Witwatersrand etc. auch genetisch bestehen muß.

Insgesamt lag mir eine große Anzahl von Handstücken (über 100) vor, von denen insgesamt etwa 50 Anschliffe untersucht wurden. Sie entstammten den Gruben: Pronto, Algom Nordic, Buckles, Spanish American, Quirke, dazu einem Versuchsbau Baldwyn Township.

Der Mineralbestand insgesamt ist gegenüber dem Witwatersrand sicher eintöniger, wenngleich der Eindruck vielleicht zum Teil durch noch nicht so gründliche Erforschung hervorgerufen wird. Offenbar waren in den Nährgebieten *sehr* basische Gesteine viel weniger vorhanden. Es fehlen so Chromit fast vollständig (*ein* Einzelkorn!), ebenso Platin, Iridosmium und Pentlandit; auch auf Titanomagnetit zurückgehende Rutilskelette sind ausgesprochen selten. Daß Arsenkies und andere Arsenide fehlen (eine Literaturangabe über das Vorkommen von Arsenkies bzw. Cobaltit, konnte ich nicht bestätigen — ohne sie aber anzweifeln zu wollen) ist jedenfalls bemerkenswert. Ich werde wie s. Zt. vom Witwatersrand die Mineralien in allothigene und authigene getrennt aufzählen, in ( ) solche Mineralien, deren Hauptgebiet in die andere Gruppe gehört, die aber untergeordnet auch der zweiten angehören. Wegen der Begründung sei auf die folgende Einzelbehandlung verwiesen.

Allothigen sind Pyrit, (Rutil), Uranpecherz, Zirkon, Monazit, Molybdänglanz, (Brannerit), Chromit, (Anatas).

Eine Sonderrolle nehmen die „*Alteinschlüsse*" in Pyrit (ev. auch in anderen Mineralien) ein, die durch ihre Einschlußnatur geschützt erhalten blieben:

Magnetkies, Kupferkies, Bleiglanz, Gold, Cubanit, Schapbachit, Bleiglanz, Wismutglanz.

Authigen sind: (Pyrit), Rutil, Brannerit, (Uranpecherz), Magnetkies, Markasit, „kohlige Substanz", Kupferkies, Zinkblende, Bleiglanz, Anatas, Valleriit, Gold und ein nicht sicher bestimmbares „Bleisulfosalz". —

Diese Liste ist sicher noch nicht ganz vollständig. An durchsichtigen Mineralien (bzw. Gesteinen) sind als *allothigen* erwähnt (Roscoe u. a.): Quarz, „kieselige Gesteinsbrocken", Tonschiefer, „Grünstein", Granit, „Feldspat", Muskovit, Epidot, (Titanit). *Authigen* sind i. allgem. Sericit, Chlorit, (Quarz), Karbonat, Fluorit, Titanit. Die Einordnung: authigen — allothigen wird für Einzelfälle mit Recht als schwierig bezeichnet.

Der Mineralbestand soll nun im einzelnen besprochen werden. Dabei werden strukturelle Eigentümlichkeiten und ebenso auf der Einwirkung des radioaktiven Zerfalls beruhende Erscheinungen mitbehandelt.

Pyrit.

Viel Arbeit und Überlegung erforderte der Pyrit der Blind River Gruben. Im ersten Eindruck ist die Ähnlichkeit der Proben für das freie Auge und ebenso für sehr schwache Vergrößerung mit Stücken des Witwatersrandes äußerst groß. Das bezieht sich auch auf die Korngrößen bis zu etwa 2 mm (Abb. 23). Ein Analogon der groben, bis über 2 cm großen Buckshots mancher Horizonte, besonders aber der „Channels" des Witwatersrandes fehlt aber.

Insgesamt ist die Vielgestaltigkeit lange nicht so groß wie am Witwatersrand. Auch die „Valley"-Strukturen (Roscoe [13]) scheinen solch riesige Pyritmassen, wie sie einige „Channels" am Witwatersrand repräsentieren, nirgends zu führen.

Bei genauerer Untersuchung zeigt sich eine Eigentümlichkeit der Pyrite in allen bauwürdigen Teilen der von mir untersuchten Blind River Gruben. Das ist die sehr starke Korrosion, die man zwar in den einzelnen Proben verschieden stark, aber doch in praktisch allen Stücken wenigstens in Anfangsstadien erkennen kann. Die Stücke, im ersten Eindruck meist rundlich, sehen alle wie angeknabbert aus, d. h. ihre Konturen sind voll von konkaven Buchten verschiedener Tiefe. Diese Tiefe kann sehr groß werden, bis das ganze Pyritkorn von wurmgangähnlichen Höhlen durchzogen, oft auch völlig durchdrungen, ja in Einzelscherben zerlegt ist (Abb. 25, 26, 27). Es kann kein Zweifel sein, daß diese „Anknabberungen" erst nachträglich entstanden sind; sie durchschneiden Zonenbau und andere Wachstumsbesonderheiten ungestört, scheinen auch kaum von Sprüngen oder kristallographischen Richtungen beeinflußt zu sein (gelegentlich schon einmal!). Nur Zonenbau im Pyrit wird offensichtlich öfter bei diesen Korrosionserscheinungen benutzt.

Die Bildung dieser Korrosion ist zunächst weitgehend rätselhaft. Sie steht in irgendeiner Beziehung zum Gehalt an Uranpecherz und Brannerit, insofern als sehr uranreiche Partien sie erheblich stärker zeigen als uranarme, doch fehlt sie auch in diesen keineswegs. Meist sind die weggelösten Teile jetzt mit jungem Quarz oder anderen durchsichtigen Umlagerungsprodukten erfüllt, gelegentlich, lokal auch einmal stets, sind sie mit Markasit, locker oder kompakt, erfüllt. Manchmal kann man sehen, daß dieser seinerseits die Stelle von früherem Magnetkies einnimmt. Anknabberungsbucht oder -kanal waren also allemal früher der Platz einer lokalen Umbildung von Pyrit in Magnetkies. Nun kommen ja auch am Witwatersrand ([12b], Abb. 116) und Dominion Reef im Kontakt Abröstungen von Pyrit zu Magnetkies vor, aber die hierbei entstehenden Bilder sind erheblich anders.

Ist man allerdings erst einmal auf den Typ der Veränderung aufmerksam gemacht, so findet man analoges in vielen Vorkommen, wo Uran-reiche Mineralien Pyrit begleiten, so also auch sehr schön am Witwatersrand, z. B. im Govt. Reef und Monarch Reef (Abb. 19, 20, 21), insgesamt aber doch viel weniger auffallend.

Die durch diese Anknabberungen entstehenden Formen erschweren naturgemäß die Erkennung der ursprünglichen Formen sehr. Sie passen scheinbar ebensowenig für eine Deutung der Pyrite als Gerölle wie als hydrothermale Bildung. Versucht man aber einmal von ihnen zu abstrahieren und die alten Konturen zu ergänzen, so erkennt man, daß auch hier Geröllpyrite vorliegen. Erleichtert wird das durch Korrosionshöfe, die die alte Form klar abzeichnen (Abb. 27). Wie im Witwatersrand sind sie vor der Korrosion in situ oft klar weitergewachsen, wobei der abgerollte Kern charakteristische Kennzeichen allothigener und polygener Natur zeigt.

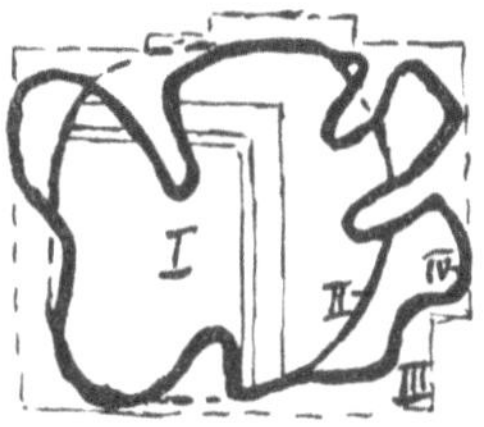

Während aber am Witwatersrand die Gerölle eine ganze Musterkarte verschiedener Typen darstellen, die eindeutig bei jüngeren Horizonten immer vielgestaltiger wird, sind die Verhältnisse hier viel einfacher. Im allgemeinen gibt es nur 2—3 Typen (1) — 3)), die immer wiederkehren; gelegentlich findet sich einmal ein Korn, das vielleicht weiteren angehört.

1.) sind Gerölle gebildet aus einheitlichen groben Körnern von vielleicht 0,2—1 mm Größe, selten bis 2 mm, die wie am W. W. R. „*Alteinschlüsse*", d. h. kugelige bis ovale Einschlüsse führen, die das Pyritkorn schon in der Ausgangslagerstätte enthielt. Beobachtet sind hier solche von Kupferkies, Magnetkies, Magnetit, Cubanit, Zinkblende, Bleiglanz, Valleriit, Gold, Molybdänglanz und ihre Kombinationen. Die beiden Erstgenannten sind weitaus am häufigsten. Zonenbau durch Poren oder winzige Härteunterschiede, vielleicht auch einmal (selten) durch Anordnung der „Alteinschlüsse" ist oft zu sehen, und ist wie am Witwatersrand ohne Beziehung zur jetzigen Kontur (oder auch derjenigen vor der „Anknabberung"). Im allgemeinen sind die Gerölle unter 1) „klar" und die Porigkeit ist auf Einzelfälle beschränkt (Abb. 25).

2.) sind Gerölle, die aussehen, als ob sie durch Abrollung „verschweißter" Kleinkörner entstanden seien. Die oft rundlichen Kleinkörner können dabei einigermaßen gleichgroß sein, wie stark schwanken. Jedenfalls sind sie sehr grob porös; den meisten der porigen Knollen des Witwatersrandes ähneln sie aber nur sehr entfernt (Abb. 24).

3.) Durchstäubte Körner, deren „Durchstäubung" so stark ist, daß sie etwa mit den obengenannten zonaren Porigkeiten bei 1) kaum einmal verwechselt werden können. Gelegentlich sind die Durchstäubungen (mit verschiedenen Silikaten) parallel geregelt, daß man eine Pseudomorphosierung eines Eisenglimmerschiefers o. ä. annehmen möchte. Die Regel ist aber ungleichmäßig wirre Einlagerung der Fremdeinschlüsse.

Alle Typen sind mit *klaren* Krusten *weitergewachsen,* wobei genau wie am Witwatersrand die aus Einzelkristallen bestehenden Gerölle, hier, wie gesagt, mengen- wie zahlenmäßig ganz überwiegend, als Einzelkristall weiterwachsen, während bei den Aggregaten die Kruste mehr oder minder polykristallin ist. Natürliche wie künstliche Ätzung lassen die Außenkruste oft, aber nicht immer, in ihrer Ausdehnung erkennen. Ohne ersichtlichen Grund ist diese Kruste in verschiedenen Grubenteilen, Handstücken, ja unmittelbar benachbarten Körnern verschieden dick.

Nach Bildung dieser Kruste hat die Korrosion eingesetzt, die ohne Auswahl Außenkruste wie die abgerollten Kernteile erfaßt. Es kommen Körner zustande, die etwa dem skizzierten Bild entsprechen. Die Grenze Aufwachszone-Kern wird nur relativ selten von der Korrosion benutzt (Abb. 25, 27).

Bei der Korrosion entsteht Magnetkies, der teils etwa an seiner Ausgangsstelle bleibt, teils auf kleine Distanzen wandert (Bruchteile von mm im allgemeinen) und das Material zu gröberen bis sehr feinen Magnetkieskristallen liefert (siehe dort).

Neben den kompakten, offenbar sehr frühen (früh, da sie schon *vor* langedauernder radioaktiver Einwirkung vorhanden gewesen sein müssen) Krusten (wie in Abb. 25) kommen, hier aber sehr untergeordnet, locker zellige Krusten vor. Ich halte sie, wenigstens in der Hauptzahl, für jünger. Jedenfalls erheblich jünger sind Klufttapeten an tektonischen Abscherungen und Sprüngen.

Sehr verbreitet sind aus Magnetkies gebildete Pseudomorphosen aus Pyrit + Markasit, die hier aber (ebenso wie im Dominion Reef) keine Anzeichen deszendenter Bildung erkennen lassen[1]). Sie werden bei Magnetkies behandelt.

Sehr auffallend ist, daß trotz der großen Häufigkeit von Ilmenit → Rutilpseudomorphosen bisher keine solche durch Pyrit inkrustiert und durchwachsen gefunden wurde (etwa analog Abb. 26 in [12b]).

Rutil. Wie am W. W. R. ist auch hier Ilmenit und Titanomagnetit praktisch nie erhalten, sondern in Rutil übergeführt. Die Ilmenitgerölle haben roh gleichmäßige Größe, natürlich gibt es daneben feinsten, wohl im eigentlichen Sedimentationsvorgang entstandenen Abrieb. Die Pseudomorphosierung geschah meist unmittelbar aus Ilmenit, doch sind viele Fälle über den Umweg Anatas analog Dominion Reef (Abb. 59) beobachtet. Da meine untersuchten Proben fast allein aus produktiven Horizonten stammen, ist überall wenigstens im Beginn die Umbildung in Brannerit zu erkennen. Im einzelnen ist zufällig durch die Verschiedenheit des Ausgangs-Ilmenites und wohl auch gesetzmäßig bedingt durch die lokalen Bedingungen des betr. „Reef"-teils die Erscheinungsform recht wechselnd — jedem, der einmal rezente Ilmenit- oder Rutilsande gesehen hat, selbstverständlich! Weiteres siehe bei Brannerit. — Rutil, der als abgerollter Einzelkristall in die Lagerstätte kam, ist in 6 von 38 Schliffen beobachtet, also nicht ganz selten. — Ganz selten ist ein sicher erst im Konglomerat intermediär gebildeter Titanit wieder in Rutil pseudomorphosiert.

Uranpecherz. Auch in sehr uranreichen Proben kann Uranpecherz völlig fehlen, Brannerit ist dann fast der einzige Uranträger, anderswo kann Uranpecherz auch in eigentlich armen Erzen diese Rolle übernehmen. Im vorliegenden Material war Uranpecherz roh gerechnet nur in einem Drittel aller Proben vorhanden. — Insgesamt ist Uranpecherz wenig wechselvoll; die Größe der Körner schwankt, wie aus vielen Abb. 28, 29, 30, 31 erkennbar ist, in geringem Ausmaß. Sehr viele Körner zeigen deutlich Spaltbarkeit [überwiegend nach (111)]. Sehr oft sind Reste der ursprünglichen Idiomorphie erkennbar, ebenso Zonenbau, wobei die Zersetzung oft von innen heraus erfolgt, während die Außenzonen wiederstandsfähiger sind (Abb. 32). Dem Verfasser lagen „Uranothorianite" von Palabora vor, die innen als Th-reicher Uraninit, außen als U-führender Thorianit bezeichnet werden müßten. Eine Zersetzung würde bei ihnen (gemäß der größeren Widerstandsfähigkeit Th-reicher Mischungen) ein analoges Bild ergeben. Da aber andere Faktoren mitwirken könnten, sei das nur ein Hinweis! Die stets

[1]) Keine der Gruben, aus denen mir in beiden Fällen Material vorlag, hatte m. W. größere Tiefen als 300 m. Bei der großen Empfindlichkeit des Magnetkieses gegen deszendente Wässer auch in recht großen Tiefen wäre immerhin ein solcher Vorgang denkbar.

vorhandene Abrollung ist durchschnittlich gering (Abb. 28, 29), viel geringer als am Witwatersrand, aber analog Dominion Reef. Natürlich kommen einmal unregelmäßige Splitter vor, die durch Zerdrückung etwa zwischen zwei Pyritgeröllen erst im Konglomerat entstanden sind. — Abgesehen davon, daß m. E. der Augenschein und die Verteilung die Natur des Uranpecherzes (hier, wie aus dem Gesagten klar ist, eindeutig „Uraninit" im amerikanischen Sprachgebrauch) als allothigenes Geröll sicherstellt (Abb. 28, 31), ist zu erwähnen, daß die jüngeren Fortwachsungen des Pyrits und Quarzes es eindeutig einschließen (Abb. 33).

Die Frage des sekundären, *authigenen* Uranpecherzes ist, wie am W. W. R. schwierig. Sicherlich handelt es sich nur um minimale Mengen. Es kommen aber eindeutig Fälle vor, wo Uranpecherzgerölle kleine zipfelförmige Fortsetzungen haben, die zwischen z. B. Quarzgerölle hineingreifen, auch gelegentlich Klümpchen von wirren Einzelkörnern, die mit Uranpecherz verschweißt sind (Abb. 31). Es ist die Bildung, die höchstens Spuren traubig-schaliger Form zeigt, wohl als eine Rückbildung aus Brannerit zu deuten (s. u.).

„*Geisterbildung*" ist genau wie am Witwatersrand an sehr vielen Stellen zu sehen. Das weggelöste Uran liefert den Stoff zur Branneritbildung in unmittelbarster Nähe oder in naher Nachbarschaft. In vielen Fällen sind Reste vorhanden, die den Ablauf des Vorganges in allen Stadien zeigen (Abb. 34a, 34b, 35).

Brannerit. Bereits die ersten Bearbeiter stellten das sehr reichliche Vorkommen eines isotropisierten Uranträgers fest, der ungeglüht nur schwache Linien von Anatas, stark geglüht aber die für Brannerit als charakteristisch geltenden Linien zeigte. Es ist richtig von mehreren Stellen darauf hingewiesen worden [13], daß das kein strenger Beweis für Identität mit klassischem Brannerit ist; aber bevor wir eine andere Methode kennen, müssen wir die Bestimmung, mit Vorbehalt, annehmen. Brannerit in diesem Sinne ist wirtschaftlich *vor* Uranpecherz im ganzen Blind River Gebiet das wichtigste Uranmineral.

Die früheren Autoren hielten die Branneritmassen für Gerölle, die wohl aus Pegmatiten o. ä. stammten. Diese Annahme ist, wie ich in einer vor kurzem erschienenen Arbeit [12b], deren wesentlicher Inhalt hier abgewandelt wiedergegeben ist, darlegen konnte, abgesehen von sehr seltenen Ausnahmen *falsch*!

Brannerit bildet sich im Blind River Gebiet und ebenso in vielen anderen Vorkommen ähnlicher Art auf Grund der „*Pronto-Reaktion*" $UO_2 + (2-3)\ TiO_2 = U\ Ti_{2-3}O_{6-8}$ [1]). Die Reaktion muß bei hydrothermalen Temperaturen ablaufen, die, wie die einmal beobachtete gleichzeitige Neubildung von Valleriit (Abb. 35) beweist, mindestens 225—250° erreicht haben müssen, aber auch nicht allzuhoch gewesen sein können. Ob und wieweit Katalysatoren (ev. die oft vorhandenen S.E. oder Eisen) mitwirken, ist noch ungeklärt. Die überaus verbreitete Vergesellschaftung mit neugebildeten Magnetkiestäfelchen gibt vielleicht einen Hinweis. Die Bildung geht in sehr verschiedener Form vor sich. Im allgemeinen erfaßt sie nur die feinverteilten Rutile der Ilmenitpseudomorphosen, Gerölle grobkristallinen Rutils nur langsam (Abb. 48) oder gar nicht. Ist Uranpecherz gegenüber Rutil relativ überwiegend, so kann es ebenso „lit par lit" pseudomorphosiert werden (Abb. 36), öfters bildet es *um* das alte Pecherzkorn, z. T. *in* ihm ein feinkörnig schwammiges Aggregat. Gemäß der Korngröße der Uranpecherz- bzw. Ilmenitgerölle werden die Pseudomorphen ebenfalls zwei Korngrößengruppen bilden, die wesentlich häufigeren aus Ilmenit → Rutilpseudomorphosen entstandenen mit $1^1/_2$—2fachem Durchmesser. Die Struktur der Branneritmassen ist im Blind-River Distrikt gewöhnlich so, daß das Wachstum von außen nach innen erfolgt; außen liegt ein wirres, kompaktes Aggregat, nach innen zu folgen gröbere Körner, die in größere, gut entwickelte Kristalle übergehen. Bei vollständig verlaufender Reaktion tritt eine Schrumpfung ein, die aber

[1]) Hierbei sind die gewissermaßen „verdünnenden" Elemente: Ca, S. E., Th bzw. Fe nicht berücksichtigt. — Es wäre denkbar, daß eine untergeordnete Menge UO_3 zum Eintritt der Reaktion nötig ist.

wohl wegen des lockeren Gefüges der präexistierenden Rutilmassen nur scheinbar ist. Jedenfalls liefert sie aber die freien Drusenräume (Abb. 37, 38, 39, 40). Ist die zur Reaktion notwendige Menge von Uran bzw. Rutil nicht ausreichend, so werden Relikte von Rutil bzw. Uranpecherz bleiben. Es leuchtet ein, daß als Endprodukt im Idealfall nur die Paragenesen entstehen werden: Uranpecherz + Brannerit, Brannerit allein, Brannerit + Rutil, nicht aber Uranpecherz + Rutil. Das trifft auch in vielen Fällen, wenigstens wenn man nur kleine Areale (von wenigen mm^2) betrachtet, durchaus zu, keineswegs aber immer. Falls gleichzeitig kohlige Substanz vorhanden ist, so umhüllt diese weitgehend das Uranpecherz und entzieht es der Reaktion (Abb. 44). In anderen Fällen muß der Anlaß des Ausbleibens oder der nur teilweisen Wirksamkeit der Reaktion in anderen Faktoren gesucht werden. — War der Rutil nicht in der gewöhnlichen Pseudomorphosenform, sondern z. B. als feines Zerreibsel an Bewegungsbahnen vorhanden, wie es solche ja an der Grenze von Gesteinen verschiedenen Festigkeitsverhaltens immer einmal geben wird, so entstehen Wolken oder Schlieren aus feinsten Branneritkristallen an den entsprechenden Stellen (Abb. 43). Ja es konnte beobachtet werden, daß die bei der Zersetzung Ti-reicher Biotite entstandenen Rutile durch feinste Branneritkristalle ersetzt sind.

Ich habe die Prontoreaktion vorhin $UO_2 + (2-3)TiO_2$ = Brannerit geschrieben. Das soll darstellen, daß der Ti-Anteil schwanken kann. Ob überschüssiges TiO_2 bei der Isotropisierung als Anatas ausgeschieden wird, oder ob diese Ausscheidung früher erfolgt, ist noch unklar. Da Anatas zwar über die ganze Ausdehnung verteilt sein kann, in vielen Fällen aber eine Außenzone stark bevorzugt, möchte man an primären Zonenbau denken (Abb. 41, 42). — Ein anderes Mehrphasigwerden macht sich vielleicht in diffuser Verfärbung bemerkbar.

Entsprechend der Seltenheit von Rutilnetzen, die aus dem Ilmenitskelett von Titanomagnetiten entstanden sind, sind Branneritbildungen aus ihnen selten. Immerhin kommen sie vorzüglich in der Ausgangsform vor (Abb. 45). Die Tatsache, daß die nadelförmigen Brannerite hier orientiert den teilweise verdrängten Ilmeniten aufsitzen, zeigt, daß zwischen Ilmenit und frischem Brannerit kristallographische Beziehungen bestehen müssen. — Einen ehemaligen Ilmenit bildet sehr schön der Brannerit Abb. 46 ab.

Ein einziges Mal wurde ein großes Branneritkorn beobachtet, das schon als solches in das Konglomerat kam. Abb. 47 zeigt, daß es in keiner Weise mit der bisher beschriebenen Erscheinungsform verwechselt werden kann.

Es ist klar und in meiner Arbeit über die Pronto-Reaktion ausgeführt, daß die teilweise oder völlige Umlagerung des Urans bei dieser Reaktion eine Altersbestimmung illusorisch, bzw. von unwesentlichen und unübersehbaren Zufälligkeiten (z. B. dem Gehalt von Rutil) abhängig macht. Gelingt es Uranpecherz und Brannerit getrennt zu erfassen, so werden beide ganz verschiedene Alterswerte liefern müssen, der Brannerit u. U. mehrere!

Magnetkies. In vielen Proben sind gute Magnetkiestäfelchen, manchmal verbogen oder knäuelförmig verwachsen in sehr großer Menge vorhanden und besonders in den Branneritknäueln (Abb. 38, 43, 49) enthalten. Eine Mengenbeziehung mit dem Gehalt an Brannerit besteht und ebenso eine solche zu den „angeknabberten" Pyriten (siehe dort). Neben den Kristallen ist Magnetkies oft das Füllsel der Korrosionskanäle im Pyrit. Die Größe der Tafeln schwankt sehr, linear vielleicht 1 : 20. Die kleinsten sind gewöhnlich engstens mit den Ilmenit → Rutil-Branneritpseudomorphosen vergesellschaftet und ein wichtiges Merkmal für diese, die großen sind mehr selbständig. — Manchmal haben die Magnetkiestafeln Bleiglanz- oder Kupferkieskörner zonar beim Wachstum eingeschlossen.

In sehr vielen Fällen ist Magnetkies ganz oder teilweise in Markasit, anscheinend seltener ein Gemenge von Markasit + Pyrit verwandelt. Dabei kommen Pseudomorphosen vor, die praktisch aus einem Korn, andere die aus einem kleinstkörnigen Aggregat bestehen. Die Markasitbildung findet sich auch in Lagerstättenteilen, die sonst keinerlei Anzeichen von etwa deszendent zu deutenden Umbildungen enthalten.

Kohlige Substanz. In einigen Proben von dem abseits liegenden Vorkommen Baldwyn Township ist „kohlige Substanz mit Uranpecherzeinschlüssen" („Thucholith" des amerikanischen Sprachgebrauchs) in Menge vorhanden, und zwar in typischer Form der „fly spots", wie sie am W. W. R. in großer Menge vorkommen. Sonst ist das Vorkommen recht sporadisch (wie es in den meisten Gruben des W. W. R. übrigens ja auch ist); von der Pronto Grube, wo mein Material einem relativ begrenzten Grubenteil entstammt, habe ich überhaupt keine Probe, von Buckles, Spanish American und Algom Nordic einiges. — Die Anisotropie *scheint* durchschnittlich kleiner zu sein als in den W. W. R.-Stücken (Abb. 44).

Es ist oben schon gesagt, daß in Anwesenheit von kohliger Substanz die „Pronto-Reaktion" nicht eintritt. Diese Regel scheint ziemlich allgemeine Gültigkeit zu haben, da sie auch in den ja im einzelnen recht wechselvollen Witwatersrand-Reefs in ähnlicher Weise überall zutrifft. Die Affinität der Kohlenwasserstoffe zu Uran veranlaßt offenbar sehr schnell die Umhüllung des Uranpecherzes und entzieht es der Reaktion.

Die weiter zu besprechenden Mineralien haben sämtlich den Charakter von untergeordneten Accessorien. Einige mögen von Interesse sein, da sie (wie die oben erwähnten Alteinschlüsse im Pyrit) einmal Hinweise für die Herkunft werden liefern können.

Kupferkies, Zinkblende, Bleiglanz sind weit verbreitet und sicher umgelagert. Alle kommen gelegentlich in makroskopisch erkennbaren Massen vor. Mikroskopisch sind sie oft auf den korrodierten Pyriten ausgefällt, besonders die Zinkblende.

Molybdänglanz ist keineswegs auf Rutschflächen beschränkt, wie er einmal beschrieben wurde, sondern kommt in verbogenen Einzeltafeln wie Aggregaten öfter vor. Nach dem Vorkommen ist er wohl sicher allothigen, wenn auch bei einem so leicht deformierbaren Mineral das schwer zu beweisen ist. Ähnlich ist es mit *Wismutglanz* und einem noch in einem Quarzgeröll eingeschlossenen *Bleisulfosalz.*

Zirkon ist gar nicht so häufig, *Monazit* tritt in den produzierenden Gruben recht zurück, während er in einigen Schürfen, die wegen ungünstiger U : Th-Verhältnisse nicht in Abbau genommen sind, massenhaft sein muß.

Gold ist sehr sporadisch verteilt, aber in einer ganzen Anzahl von Schliffen gefunden worden. Abgesehen von dem Fall eines winzigen Alteinschlusses im Pyrit ist es sicher umgelagert.

Ganz selten sind als schwere Geröllmineralien Anatas und Chromit beobachtet. Recht vereinzelt kommen einige weitere halbdurchsichtige, im Anschliff nicht bestimmbare Geröllmineralien vor, vielleicht Xenotim, Thorit oder Huttonit.

Ganz nebenbei soll ein eigenartiges Aggregat feinster Kohlepartikel erwähnt sein, das sehr an gewisse Algen- oder Bakterienstrukturen erinnert (Abb. 50). Es soll hier nur angeregt werden, mehr auf derartige und vielleicht noch charakteristischere Formen zu achten.

DOMINION REEF

Allgemeines. Das *Dominion Reef* ist am besten bekannt in der Gegend westlich von Klerksdorp im südwestlichen Transvaal. Lange Zeit wurde es als das Liegende der Hospital Hill-„Serie" angesehen und zum Witwatersrand-„System" gerechnet. Heute ist man vielfach auf Grund der neuen Aufschlüsse und anderer Befunde zur — nicht ganz unwidersprochenen — Überzeugung gekommen, daß das Dominion Reef mit den Reefs des Witwatersrandsystems nichts zu tun hat, sehr viel älter ist und mit seinen Begleitgesteinen den Rang eines selbständigen „Systems" einnimmt. Eine unmittelbare Auflagerung, die die Feststellung von Schichtenfolge und Diskordanzen gestattete, ist anscheinend noch nirgends beobachtet. Die geologische Altersbestimmung[1]) scheint zu beweisen, daß das Reef in der Tat etwa 3000 Mil-

[1]) Mir in freundlicher Weise von Kollegen L. H. AHRENS mitgeteilt.

lionen Jahre alt und damit größenordnungsmäßig 1200 Millionen Jahre älter ist als das Witwatersrandsystem. Die Tatsache, daß das Uranpecherz des Reefs detritogenen Ursprung hat, eine Altersbestimmung also das Alter der Unterlage, bzw. des Zuzugsgebietes, nicht der Konglomeratbildung angibt, nimmt diesen Angaben naturgemäß etwas ihr geologisches Gewicht. Trotzdem gibt der mikroskopische Befund so viele Hinweise auf entschieden sehr hohes Alter, daß auch der Verfasser daraufhin unbedingt für die Selbständigkeit des Dominion Reef Systems plädieren möchte.

Das Dominion Reef hat Jahrzehnte lang wirtschaftlich keine wichtige Rolle gespielt. In neuester Zeit hat sich aber neben den mäßigen Goldgehalten ein sehr erheblicher Gehalt an Uran herausgestellt, der die Entstehung mehrerer Grubenanlagen, einige davon erst in der Entwickelung, begründete.

Die Reefs mit bauwürdigen „Werten“ liegen, überaus ähnlich den Verhältnissen vom Blind River District, fast unmittelbar über dem diskordanten Liegenden, in wesentlichen dem „Alten Granit“. Ein Profil, das mit einiger Abwandlung in den Mächtigkeiten für das ganze bisher bekannte Gebiet gilt, zeigt:

oben:	Laven	(sehr mächtig)
	Feinkörniger Quarzit	25 m
	Vulkan. Tuffe und Laven	15—25 m
	Schwarzer feinkörniger Quarzit	10 m
	Upper Reef	$^1/_3$—$3^1/_2$ m
	Sehr grobkörniger Quarzit, lichtölgrün u. serizitisch	15 m
	Lower Reef	$^1/_3$—4 m
	Transgressionsfläche mit dünner sericitischer Zwischenmasse, vielfach (irreführend!) als „schist“ bezeichnet.	
unten:	Granit	

Wirtschaftlich die größere Rolle scheint das Upper Reef zu spielen, doch wird auch das Lower Reef z. T. mit guten Gehalten (und aufbereitungstechnisch gutartigem Verhalten) abgebaut.

Mir lagen etwa 100 große Handstücke und bisher 48 Anschliffe vor:

Upper Reef: 1. Klerksdorp Cons. Goldmines, (K. C. G.)
2. Afrikander Lease Mine, (Rietkuil Section)
3. Bramley Shaft der Dominion Reef Grube und

Lower Reef Rhenosterhoek Section der Afrikander Lease Mine.

Die Gehalte sind in verschiedenen Teilen der Reefs verschieden gut, so daß oft nur 2 Fuß bauwürdig sein können. Diese Teile können im Reef an beliebigen Stellen liegen, sind aber jeweils die, die auch die größte Anreicherung an Schwermineralien zeigen.

Der Mineralbestand

In allen untersuchten Proben macht der Mineralbestand einen „unausgeglicheneren“ Eindruck als in allen Reefs des W. W. R. Auf kürzeste Erstreckung schwanken Korngröße und Mineralbestand erheblich, auch Einzelheiten des mikroskopischen Verhaltens. Bemerkenswert ist, daß manche Mineralien, deren Fehlen beim Witwatersrand als auffällig registriert und oft als Kriterium gegen dessen Deutung als Seifenbildung angesehen wurde, hier reichlich oder gelegentlich sich finden, so Monazit, Spinell, Granat, Zinnstein, drei sonst nur selten oder nicht registrierte radioaktive Mineralien, wohl auch Korund und Disthen. Zirkon und Arsenkies sind auffallend reichlich, ebenso Chromit, der dazu in mehreren Typen vorkommt.

Wieder soll versucht werden, die Mineralien nach ihrer Stellung allothigen (= detritogen) und authigen aufzugliedern.

Allothigen sind roh der Menge nach geordnet: Pyrit, Arsenkies, Uranpecherz, Chromit, Spinell, (Rutil), Zirkon, Granat, Zinnstein, Monazit, ?x, ?y, ?z, Glanzkobalt, Pyrochlor, Tapiolith, Molybdänglanz, Tantalit.

Authigen: (Pyrit), Markasit, Magnetkies, Brannerit, Rutil nach Ilmenit, Kupferkies, Zinkblende, Bleiglanz, Gold, weißes Sulfosalz, Ilmenit (!).

Dazu treten als „Alteinschlüsse" in allothigenen Mineralien (meist Pyrit, aber auch Arsenkies, Spinell, Zinnstein, ja Zirkon) gepanzert: Kupferkies, Magnetkies, Zinkblende, Gold, Bleiglanz, Fahlerz, Magnetit.

Auf die „Gangartmineralien", die hier ebenfalls manche Eigenarten zeigen, soll nur nebenbei eingegangen werden. Eine *Kristallisationsschieferung* bei den umgelagerten Silikaten und dem authigenen Quarzbindemittel ist in vielen Fällen ausgezeichnet zu sehen und jedenfalls *unvergleichlich* viel stärker als am W. W. R., Bl. R. u. S. J. Die groben und widerstandsfähigen Gerölle von Quarz und Pyrit sind im ganzen wenig beeinflußt, Gerölle von Uranpecherz, Spinell u. a. aber sind viel öfter zerdrückt, als man durch die gelegentliche selbstverständliche Weiterzertrümmerung im noch losen Konglomerat erwarten möchte, also etwas tektonisiert.

Gewisse Reefs im Witwatersrand untereinander und auch regional verteilt manche Reefteile können recht verschiedenen Mineralbestand und auch in diesem unterschiedliche Einzelkennzeichen haben. So große Abweichungen aber, wie horizontmäßig zuverlässig zusammengehörende, an nur wenige Meter entfernten Stellen entnommene Proben hier zeigen, kommen aber im W. W. R. nicht vor. Für meine Beschreibung kann das bedeuten, daß die mengenmäßige Beurteilung der Einzelmineralien gegenüber dem analytischen Durchschnitt von Massenproben zufällig stark abweicht — in großen Zügen aber ist die Zahl der untersuchten Schliffe hinreichend groß, das zu vermeiden. Bei manchen der Mineralien muß, um zu viel Wiederholungen zu vermeiden, die Beschreibung kurz sein.

P y r i t ist nicht in allen Proben vorhanden oder wenigstens reichlich; durchschnittlich war er in den drei untersuchten Gruben in der Bramley Mine am häufigsten. Zurücktreten bedeutet fast immer, daß dann Magnetkies oder daraus entstandener Markasit häufiger sind. Die Entstehung von Magnetkies aus Pyrit ist oft und gut zu verfolgen.

Der Hauptteil des Pyrits liegt in *Geröllen* vor (Abb. 51). Sie sind polygen, aber nur in wenigen Typen. Davon herrschen die monokristallinen, die auch die Träger der Alteinschlüsse: Kupferkies, Magnetkies, Bleiglanz, Magnetit, Gold, einmal Fahlerz sind, entschieden vor. Es kommen aber auch z. B. Gerölle schon vor der Geröllbildung stark pyritimprägnierter Schiefer, solche mit sedimentären Reliktstrukturen und auch eigenartige Zellstrukturen (Abb. 52) gelegentlich vor.

In sehr vielen Fällen sind die Gerölle authigen weitergewachsen bis zu scharf idiomorphen Formen. Die oft porigen Zuwachspartien können aber vom Geröllmaterial fast immer leicht unterschieden werden; vielfach kennzeichnen scharfe Sprünge, in denen z. B. allerfeinste Magnetkiestäfelchen aufsitzen, die Grenze. — In demselben porigen Material können auch authigene Kristalle selbständig entstehen. Es kommt vor, daß Zuwachspartien und authigene Kristalle merklich mehr braun gefärbt sind. Sehr oft ist der jüngere Pyrit ersichtlich aus Magnetkies entstanden.

„*Anknabberungen*", wie sie als besonders verbreitet und schön vom Bl. R. (siehe dort) beschrieben sind, kommen auch hier sehr gut und massenhaft vor (Abb. 53, 57).

Arsenkies ist überraschend verbreitet. Die Natur als Geröll ist noch leichter erkennbar, da bei ihm Fortwachsungen fehlen und oft Zwillinge in zufälligen Abrollungsstadien vorliegen. *Alteinschlüsse* sind nicht selten von Magnetkies, Bleiglanz, Gold. Neben grobem Material (Einkristalle und Zwillinge) kommen auch Gerölle polykristalliner Aggregate vor. Vielleicht geben sie einen Hinweis, daß der Arsenkies ebenfalls polygener Herkunft ist.

Arsenkies zeigt neben Uranpecherz, Brannerit und ? y wohl stets prächtige *radioaktive Höfe* [12f]. Sie wurden hier überhaupt vom Verfasser zuerst beobachtet. „*Anknabberungen*" sind wechselnd häufig, eindeutig oft abhängig von radioaktiver Einwirkung, doch sind sie auch ohne diese beobachtet.

Uranpecherz ist recht verbreitet und oft leicht erkennbar in einzelnen Horizonten jeweils im Liegenden der Konglomerathorizonte oder am „falschen Liegenden" gehäuft. Die Menge kann lokal sehr erheblich sein (Abb. 56, 57). — In der Erscheinungsform ähnelt es mehr Bl. R. als dem Durchschnitt am W. W. R., d. h. die Körner sind weniger stark (immerhin sehr deutlich!) abgerollt, zeigen oft noch Kristallformen und Spaltbarkeit. Zonenbau ist manchmal durch Verwitterung oder Branneritbildung gut entwickelt. Sehr kleine Körnchen, die im W. W. R. sehr selten sind (aber Abb. 57, 58), sind oft noch leidlich scharf idiomorph. Einmal ist ein Korn mit relativ starken Innenreflexen mit normalem Uranpecherz verwachsen beobachtet, das wohl chemisch stark dem Thorianit angenähert ist; das ist aber sicher ungewöhnlich. Sonst gehören die Uranpecherzkörner aber im wesentlichen demselben Typ an. Kolloidale Strukturen sind *nie* auch nur andeutungsmäßig beobachtet.

Chromit ist in fast jedem Schliff nachweisbar. Es sind fast immer rundlich eckige Formen, wie sie schon oft in der Primärlagerstätte enthalten sind. Neben dem gewöhnlichen „klaren" Typ kommen erheblich seltener solche mit oktaedrischen Entmischungsnetzen aus Ilmenit und Haematit (vielleicht z. T. Eskolait, Cr_2O_3) vor. Wahrscheinlich stammen beide Typen aus verschiedenen Lagerstätten. Das Reflexionsvermögen wechselt auch bei den erstgenannten stärker, als man das aus einer einzelnen Primärlagerstätte gewöhnt ist.

Spinell. Überraschend war die Auffindung von reichlichem Spinell, der im W. W. R. (auch in geographisch sehr nahe benachbarten Reefs), übrigens auch am Bl. R. und S. J., völlig fehlt. Die Körner sind — wie das beim niedrigeren spezifischen Gewicht verständlich ist — erheblich größer als die Begleitmineralien außer Quarz. Die Menge kann sehr erheblich sein; die Proben von Bramley führen ihn praktisch immer, K. C. G. Mine in der Hälfte, Afrikander Mine (Bohrung) in höchstens $^1/_3$ der Fälle. — Er ist kugelig, aber anscheinend nicht stark abgerollt (verschiedene Korngrößen!), zeigt Spaltbarkeit und Zerscherung nach (111) (Abb. 70), von der auch die Zersetzung beginnt, und gelegentlich auch Entmischung von Ilmenit. Der Dünnschliff zeigt einen fast wasserhellen Mg-Al-Spinell, der weitgehend in Chlorite sehr verschiedener Eigenschaften, oft intensiv grün gefärbt, zersetzt ist.

Das Vorkommen von Spinell ist natürlich ein Beweis für den „unreifen" Charakter dieses Reefs verglichen mit denen des W. W. R. Der Zersetzungszustand zeigt, daß ein wenig größerer oder längerer Transport von dem Material wohl nicht überstanden worden wäre; das Fehlen im W. W. R. überrascht also nicht.

Rutil ist in Geröllen, oft voll von Zwillingslamellen nicht selten, aber ebenfalls in der lokalen Streuung verschieden. Rutil aus Ilmenit oder Titanomagnetit ist verbreitet, oft weitgehend aber bei Branneritbildung aufgezehrt (s. dort). In vielen Fällen liegt Pseudomorphosierung über Anatas vor (Abb. 59). Die Anataskristalle sind aber wohl stets in ein Aggregat von Rutilkörnern (erkennbar an viel stärkerer Bireflexion) umgewandelt. Warum im einen Fall aus Ilmenit Rutil entsteht, im anderen grobtafeliger Anatas, ist ebensowenig wie in Titanomagnetitlagerstätten (z. B. Lake Sanford) zu sagen. Gegenüber der Branneritneubildung verhalten sich diese Pseudomorphosen vom gewöhnlichen Typ nicht abweichend.

Überraschend ist, daß unter anscheinend selten gegebenen Bedingungen (3 Schliffe der Bramley Mine) aus den lockeren, ganz aus Rutil bestehenden Pseudomorphosen nach Ilmenit sich Ilmenit neu bilden kann. Die neugebildeten ziemlich großen Kristalle sind gut idiomorph, stark porig und ohne Beziehung zu der alten Orientierung.

Zirkon ist praktisch in jedem Schliff vorhanden, oft in einer sehr großen Zahl von Körnern. Im Gegensatz zum W. W. R. ist der Anteil an stark zonaren, oft „gesprengten" und teilisotropisierten Kristallen hoch, viel größer als der der einigermaßen einheitlichen, besonders der rosa gefärbten. Genauere Untersuchung wird sicher in Zukunft gestatten, die verschiedenen Typen mit bestimmten Ausgangsgesteinen in Beziehung zu setzen. Wie in allen mir bekannten Schwermineralsanden ist auch hier Zirkon weniger abgerollt als die anderen Komponenten. — Daß im Witwatersrand immer jüngere Reefs zunehmend weniger Körner der stark zonaren Zirkontypen enthalten, ist nicht überraschend, da die zonaren und „gesprengten" [12e] Körner eine mehrfache Umlagerung nicht überstehen. Damit ist auch der zonare Zirkon ein Beweis für den schnellen Sedimentationsprozeß am D. R. Über die Beziehung zu Mineral z siehe unten.

Zinnstein war in etwa $^1/_3$ der untersuchten Schliffe vorhanden, manchmal in sehr zahlreichen Körnern. Er ist stets gut abgerollt, gelegentlich auch in situ zerbrochen. Zwillingslamellierung ist verbreitet, aber meist nicht sehr stark. Die Innenreflexe sind *sehr* dunkel, Entmischungskörper von Tapiolith sind allgemein verbreitet. Es besteht damit kein Zweifel, daß der Zinnstein pegmatitischer Herkunft ist. — Seine Menge kann lokal eine Gewinnung als Nebenprodukt möglich erscheinen lassen. — In Auftreten — und wohl ihrer Herkunft — sehr ähnlich sind *Tapiolit* und *Columbit*, die mehrfach, aber nur in Einzelkörnern beobachtet wurden.

Es ist merkwürdig, daß nicht wenigstens in den geographisch benachbarten Reefs des W. W. Randsystems von diesem Zinnstein aufgearbeitet etwas zu finden ist, was aber bisher tatsächlich außer dem Govt. Reef fast nie der Fall war.

Granat, meist in recht weitgehend chloritisiertem Zustand, ist in vielen Schliffen, die größere Mengen von Uranpecherz, Pyrit und anderen Schwermineralien führen, vorhanden. Wie Spinell ist er durchschnittlich größer als die schweren Mineralien. Er kann radioaktiv angefressen sein.

Drei (vielleicht mehr) nicht ohne nähere Untersuchung anzusprechende stark radioaktive Mineralien sind sehr verbreitet. Sie seien mit x, y, z bezeichnet. Alle sind typische Gerölle.

x ist fast in jedem Schliff vorhanden, oft in vielen Körnern. Das Reflexionsvermögen deutet auf $n \sim 1{,}8$, die Härte ist hoch, die sehr transparenten Innenreflexe zeigen keine typische Farbe (etwa trübweiß), Ausscheidung radiogenen Bleiglanzes als feiner Staub. Wo letzterer fehlt, ist das Reflexionsvermögen merklich höher. Das Mineral ist isotropisiert und erzeugt radioaktive Sprenghöfe in Quarz (einmal auch in Uranpecherz). Branneritbildung ruft es nicht hervor (Abb. 67).

y poliert sich glatt und homogen (Abb. 68). Das Reflexionsvermögen übertrifft x erheblich, n muß etwa 2.4 ($>$ Brannerit, $<$ Rutil) sein. Unregelmäßige Sprünge sind verbreitet, aber auch noch deutliche Spaltbarkeit in der Längsrichtung der oft ovalen Gerölle. Das Mineral ist trotz ersichtlich hohen Urangehaltes *nicht* isotropisiert, sondern zeigt (sehr schwachen) Reflexionspleochroismus und deutliche Anisotropie. Die Innenreflexe sind braunrot. Bleiglanzausscheidung ist nicht beobachtet. Sehr regelmäßig ist es randlich zersetzt und bildet einen Saum einer transparenten, sehr feinkörnigen Substanz, die in allen Eigenschaften dem Brannerit entspricht und ihm wohl identisch ist. Dabei wird oft Rutil frei. Manchmal sind nur noch kleine Reste der Umbildung entgangen. Es wurde mir mitgeteilt, daß von anderer Seite im Dominion Reef das Vorkommen von Euxenit behauptet worden sei. Höchst wahrscheinlich bezieht sich diese Angabe auf y. Euxenit ist m. W. bisher aber nur isotropisiert (metamikt) bekannt geworden. Daß er in einem so alten Gestein und mit ersichtlich so hohem Urangehalt *nicht* metamikt geblieben sei, ist unwahrscheinlich. Diese meine Bemerkung trifft aber auch auf sehr viele andere verwandte Mineralien zu (Yttrokrasit, Delorenzit, Samarskit, Polykras, Äschynit u. a. — bei allen n (isotropisiert) etwa 2.1—2.2, nicht isotropisiert 2.3—2.4), so daß vorläufig, d. h. bis zu einer gelungenen Isolierung, die Frage offen bleibt.

Auf die Umgebung wirkt y radioaktiv sehr stark, z. B. auch auf Pyrit und Arsenkies. Wahrscheinlich liegt eine U-reiche Ti-Verbindung vor, vielleicht der neubeschriebene Lodochnikovit.

z gehört anscheinend gittermäßig in die Nachbarschaft von Zirkon; jedenfalls kommen Zonen vor, die schon als solcher anzusprechen wären. Er ist zwar weniger verbreitet als x u. y, hat aber i. allg. größere Körner. Es wurde an Malakon (isotropisierten Zirkon) gedacht, doch ist für diesen n entschieden zu hoch (n $>$ als am „gesunden" Zirkon). Oft sind reichliche, wohl radiogen gebildete Bleiglanzdurchstäubungen vorhanden (Abb. 69). — Branneritbildung liegt keine vor. Verf. ist der Überzeugung, daß z überwiegend ein Th-Mineral ist. Für gewöhnlichen Thorit ist n anscheinend etwas zu hoch.

Monazit in gut gerundeten ovalen Körnern ist verbreitet, lokal (z. B. K. C. G. Mine) auch reichlich, tritt aber gewöhnlich zurück. Dabei ist allerdings zu erwähnen, daß die Diagnose im Anschliff wegen der recht streuenden Eigenschaften in komplexer Paragenese nicht leicht ist.

Molybdänglanz, als Mineral schnellgebildeter Seifen keineswegs so selten, wie man vielleicht annehmen könnte, wurde in zwei oder drei Schliffen in recht groben stark zerknitterten Tafeln gefunden (Abb. 71). Er entstammt wohl denselben Pegmatiten wie der Zinnstein.

Einige weitere, sicher detrigone Erzmineralien wurden nur ganz vereinzelt gefunden; ihre Bestimmung ist damit nicht immer gesichert: *Cobaltit*, *Pyrochlor*, Xenotim u. a.

Bemerkenswert, meiner Meinung nach sogar sehr bemerkenswert, ist es, daß nur ganz selten und spurenhaft „kohlige Substanz" gefunden wurde.

Bisher wurden die allothigenen Komponenten besprochen, z. T. mit ihren Umbildungen. *Authigen* gebildete Mineralien sind nicht so häufig, einige aber genetisch hochinteressant.

Magnetkies und Markasit müssen zusammen besprochen werden, da letzterer, obwohl in den bisher untersuchten Proben entschieden der häufigere, immer ein junges Umsetzungsprodukt des ersten ist.

Während am W. W. R. die oft sehr bedeutende Magnetkiesbildung ganz überwiegend nachweisbar eine Folge von Versenkungsmetamorphose oder der Aufheizung durch Intrusivgänge oder („Ventersdorp Contact Reef") überlagernde Laven ist, ist hier die Magnetkiesbildung zu einem erheblichen Teil durch radioaktive Einwirkung bedingt, die zwar am W.W.R. natürlich auch vorkommt — ebenso wie am D. R. auch die anderen Faktoren umgekehrt wirksam sein können! — aber nicht ins Gewicht fällt.

Wie ich an anderer Stelle ausführlicher auseinandersetze [12f], wird Pyrit durch unmittelbare starke und lange wirksame Strahleneinwirkung im Gitter irgendwie aufgelockert. Es äußert sich das in einer sehr schwachen, schwer sichtbaren Verfärbung nach braun, auffälliger in kleinen, vom Strahler aus vielleicht $20\,\mu$ in den Pyrit eindringenden Sprüngen. Zwischen Strahler und Pyrit beginnt dann eine Weglösung, z. T. auch unmittelbare Neubildung von Magnetkies. Damit entfernt sich der „Strahlenkranz" mehr und mehr vom Strahler weg, was doch wohl heißt, daß die Wirksamkeit von den löslichen oder gasförmigen (Radon!) Zerfallsprodukten übernommen wurde. Das Uranpecherzkorn kann dabei, stets äußerlich intakt, an der alten Stelle bleiben, aber auch in die entstehende Grube im Pyrit hineinsinken. Ein äußerst überraschender Befund! Er ist aber in Hunderten von Fällen augenfällig und fehlt sofort, wenn Uranpecherz oder Brannerit fehlen.

Das weggeführte FeS_2 bildet in der unmittelbaren Nachbarschaft (wenige 100 μ), z. T. an Ort und Stelle Magnetkies, während der überschüssige und sicher erheblich beweglichere Schwefel mit dem Fe von $FeTiO_3$ oder Fe_3O_4 oder Fe-Silikaten weiteren Magnetkies liefert. — In sehr wenigen Schliffen ist auf diese Weise Pyrit völlig zerstört, viel öfter sind alle Stadien der Umbildungsvorgänge erkennbar. Magnetkies bildet Krusten, manchmal andere Mineralien umhüllend und sie so weiterer Umbildung entziehend, größere Einzelkristalle und -aggregate, am auffälligsten aber die kleinen, idiomorphen, manchmal verbogenen winzigen Täfelchen, die den Brannerit begleiten. *Alle* diese Magnetkiesformen sind oft weitgehend, vielfach ganz in *Markasit* verwandelt. Dieser kann — bei kleinen FeS-Kristallen — praktisch als Einzelkristall den Magnetkies ersetzen, was natürlich leicht zu Irrtümern Anlaß gibt, oder ein feinkörniges Aggregat bilden, wie es ja die weltweit verbreitete Regel ist. Vorläufig ist der Verfasser noch im Zweifel, ob die Markasitbildung aus Magnetkies hier (wie sonst meist!) immer eine deszendente Bildung ist oder nicht.

Auch *Arsenkies* kann in ganz ähnlicher Weise wie Pyrit durch die radioaktive Einwirkung zur Magnetkiesbildung veranlaßt werden. Auf die damit verknüpfte „Hofbildung“ ist schon hingewiesen.

Brannerit als Geröll ist nie beobachtet, dagegen ist seine Bildung durch die „Prontoreaktion“ in verschieden großem Umfang in fast allen Schliffen zu beobachten. Die Erscheinungsform stimmt mit dem Vorkommen am Blind River fast überein, die Kristalle sind aber mehr dünnsäulig bis nadelig. Wenn sie auch durchschnittlich viel feinkörniger sind als am Bl. R. (bis fast submikroskopisch), so kommen doch auch größere Kristalle vor, die auch die Anatasbildung noch erkennen lassen. Die Verdrängung von Rutilanhäufungen ist absolut typisch, hier aber sehr oft nicht vollständig (Abb. 60, 61, 62, 63, 64, 65, 66). Wo Uranpecherz verdrängt wird, so geschieht das mehr durch Weglaugung und Bildung einer sehr feinkörnigen Kruste um die „Geister“. — Daß auch y einen schönen Branneritkranz zeigen kann, ist schon oben gesagt (Abb. 68). Wegen Einzelheiten kann auf Bl. R. verwiesen werden.

Gold kann lokal recht häufig sein. Es ist, wie seine Verteilung, z. B. als Kittmasse zerbrochener Pyrite zeigt, stets umgelagert und gegenüber dem der kleinen „Alteinschlüsse“ im Pyrit entschieden gelber. Schwermineral-reiche Reefpartien sind gleichzeitig praktisch immer auch am reichsten an Gold; daß heißt, daß Gold bei der Umlagerung nur sehr wenig gewandert ist.

Die gewöhnlichen „Buntmetallsulfide“ *Kupferkies, Bleiglanz, Zinkblende* sind fast in jedem Schliff vorhanden, insgesamt wie auch im Einzelvorkommen aber spärlich. Da sie alle pseudohydrothermal umgelagert sind, natürlich abgesehen von dem — entsprechend dem hohen Alter sehr reichlichen — Bleiglanz im Uranpecherz, ist über die Erscheinungsform wenig zu sagen. Der Transport ist, wie der allgemeinen Erfahrung bei diesen leicht mobilisierbaren Mineralien entspricht, hier manchmal erheblich, das Vorkommen also nicht bevorzugt in den „Reicherzpartien“.

Ein nicht stengeliges Pb—Sb oder Pb—Bi-Sulfosalz ist in zwei oder drei Fällen registriert. Vielleicht ist es Meneghinit.

Dominion Reef, lower horizon

Leider lag mir von diesem unmittelbaren Transgressionskonglomerat nur wenig Material vor („Rhenosterhoek Section, Afrikander Lease“). Beide, naturgemäß zufälligen, Proben waren sehr reich an Pyrit und insofern dem gewöhnlichen „Banket“ ähnlicher als dem oberen Dominion Reef. Der Mineralbestand stimmt aber fast bis in alle Einzelheiten mit letzterem überein. Das starke Zurücktreten von y mag vielleicht der Anlaß eines günstigeren Verhaltens bei der Uranlaugung sein.

SERRA DE JACOBINA, BRASILIEN

Seit einiger Zeit weiß man, daß in der Serra de Jacobina, Bahia, Brasilien, uralte Konglomerate zu Tage treten, die wenigstens lokal recht gute Goldgehalte besitzen. In ihnen wurden dann in letzter Zeit auch erhebliche, aber wohl durchschnittlich nicht sehr hohe Urangehalte beobachtet. Neben unkontrollierbaren Zeitungsnotizen erfuhren wir Authentisches nur durch Dr. White [16] aus einer sehr zurückhaltenden Mitteilung. Durch gütige Vermittlung zweier Freunde konnte ich von Herrn White, dem ich dafür besonders danke, einige Proben von dem anscheinend bisher besten Aufschluß „Jacobina-Itapicuru" erhalten. Sie entstammen alle dem pyritreichsten der dort bekannten vier Konglomerathorizonte.

Die Proben sehen, wie immer auch schon hervorgehoben wurde, den Erzen vom Witwatersrand und Blind River enorm ähnlich. Dadurch, daß in S. J. ein großer Teil der Gerölle noch aus unzerstörten Gesteinen verschiedener Art besteht, zudem einige dieser Gesteine schwach rot gefärbt sind, ist die Übereinstimmung mit letzterem entschieden größer als mit W. W. R., wo ja fast nur noch Quarzgerölle und ev. Lydite sich finden und rote Gerölle eine außerordentliche Seltenheit sind.

Leider ist der *Mineralbestand* (abgesehen von den normalen Gesteinskomponenten) in den bisher vorliegenden Proben sehr eintönig, so daß die Vergleichsmöglichkeiten begrenzt sind. Immerhin ist die Ähnlichkeit mit den anderen Vorkommen auch mikroskopisch sofort auffallend. Außer „Alteinschlüssen" sind vorhanden: Pyrit, Rutil, Brannerit, Uranpecherz, Zirkon und ein säuliges, vielleicht anisotropes Mineral.

Pyrit war in allen Proben reichlich und wie überall lagenweise gehäuft. Er ist noch eintöniger als am Bl. R.; weitaus die Hauptmenge besteht aus Geröllen „klarer" Kristalle, die oft prächtige Fortwachsungen zeigen (Abb. 73).

Alteinschlüsse sind nicht sehr reichlich, doch wurden solche von Kupferkies, Magnetkies, Zinkblende, Gold, Ilmenit, Molybdänglanz nachgewiesen — natürlich nicht alle in einem Korn.

Nur untergeordnet ist ein stark, z. T. extrem poriger Pyrit ebenfalls als Geröll vorhanden. Wahrscheinlich bildete er ursprünglich Porphyroblasten in einem Schiefer.

Außer den Weiterwachsungen normaler Art kommen solche mit einem ausgesprochen bräunlichen Pyrit vor, die offensichtlich viel später sind und über neugebildeten Magnetkies entstanden.

Diese Magnetkiesbildung ist hier sehr untergeordnet und (mindestens lokal) sicher wieder radiogen bedingt. „Anknabberungen" und Bildung radialer Sprünge neben angrenzendem Brannerit und Uranpecherz sind am Pyrit typisch. Auch Einwanderung von Magnetkies an solchen Stellen kommt vor.

Rutil wurde in typischer Pseudomorphosenform nach Ilmenit oder den Skeletten von Titanomagnetit selten beobachtet. Trotzdem ist er wohl analog zu deuten, nur sind die „Nadelfilze" durch Sammelkristallisation meist körnig geworden. Die Innenreflexe erscheinen dann natürlich dunkler.

Brannerit ist ebenfalls in der Form nicht immer so typisch wie sonst, doch ist die Vergesellschaftung mit FeS-Täfelchen auch hier gelegentlich zu beobachten. Die Mehrzahl der erwähnten Pyritanknabberungen geht auf ihn zurück.

Uranpecherz ist selten erhalten und dann mit dem der anderen Vorkommen schwer zu vergleichen, da es viel kleinere Körner bildet, die wie das Korn der Abb. 19 wegen der Kleinheit nicht abgerollt sind.

In irgendeiner Beziehung zu Uranpecherz scheint ein noch nicht bestimmtes, säuliges, vielleicht anisotropes *Mineral* zu sein, dessen Kern oft weggelöst ist. Das Reflexionsvermögen ähnelt dem Uranpecherz so sehr, daß an eine aus ihm aufgebaute Pseudomorphose gedacht wurde.

Zirkon lag bisher nur in einem stark zonaren Typ vor.

GEOLOGISCHE ÜBERLEGUNGEN

(nebst einer Auseinandersetzung mit DAVIDSON)

Wenn wir versuchen, den geologischen wie mikroskopischen Befund, wie er sich als *gesichertes Beobachtungsmaterial* in allen zur Besprechung stehenden Lagerstätten darstellt, zu einer genetischen Deutung auswerten zu wollen, so ist es am bequemsten zu sagen: „Viele Tatsachen können nicht ohne weiteres erklärt werden, manche weiteren erscheinen sogar widerspruchsvoll, schließlich ist auch einiges mit mehreren Hypothesen tragbar zu deuten — also stellen wir fest, daß wir es nicht wissen!"

Damit wird sich aber ein Wissenschaftler nur im äußersten Notfall abfinden, nie aber zufriedengeben!

Gesichert ist jedenfalls, daß die Hauptmenge von *Pyrit, Uranpecherz, Arsenkies* u. a. genau wie der *Quarz, Zirkon, Chromit, Diamant, Iridosmium* und (im Dominion Reef) *Spinell, Granat, Monazit* u. a. Geröllnatur besitzen.

Sicher ist *ebenso*, daß *Gold, Kupferkies, Zinkblende, Bleiglanz, Magnetkies* im Konglomerat unter *hydrothermalen Bedingungen* umgelagert sind. Das letztere trifft auch zu auf weitaus die überwiegende Menge von *Brannerit*. Weiterhin ist die sehr frühe Anwesenheit von „kohliger Substanz" im W. W. R. erwiesen, da sie bereits während der Zeit der Bildung mindestens jüngerer Konglomerate im W. W. R Uranpecherz „korrodiert" oder „verdaut" hatte — umgelagerte Gerölle solcher „kohliger Substanz" finden sich ja schon in einigen der höheren Konglomerate.

Schließlich ist *erwiesen*, daß im W. W. R. der Vulkanismus der *Ventersdorplaven* bereits fertige Konglomerate, die Pyritgerölle, z. T. typische buckshots führten, vorfand. Durch diese Laven sind ja solche Buckshots (bis zu > 0.5 cm Gr. mindestens) hier unter Erhaltung der Strukturen in Magnetkies verwandelt.

Ebenso war das Dominion Reef in etwa der jetzigen Form schon bei der Entstehung des Witwatersrandsystems vorhanden, da für das D. R. charakteristische Gerölle sich umgelagert in den ältesten Reefs des W. W. R. wiederfinden.

Jeder Deutungsversuch muß mit diesen Tatsachen sich auseinandersetzen. Eine Hypothese, die an ihnen vorbeigeht, ist nicht nur eine leere Spekulation, sondern von vornherein falsch, so falsch wie etwa eine noch so geistreiche Überlegung, die zur Folgerung hätte, daß die Pferde fünf Beine haben.

Wie in meiner letzten Arbeit möchte ich mich ganz vorsichtig äußern: Hydrothermale Zufuhr aus magmatischen Quellen ist ausgeschlossen. Der Befund für die oben zuerst genannten Mineralien ist unbedingt der einer Seife. Die „umgelagerten" Sulfide sind in ihrer Herkunft zunächst schleierhaft. Da aber für die Pyrit- und Arsenkiesgerölle eine Herkunft zum Teil aus Gängen, zum Teil Sulfidlagern, z. T. aus Bildungen in Tonen der „Euxinischen Fazies" angenommen werden muß — was beides aus Dutzenden mikroskopischer Kriterien gesichert ist — in den ersteren aber Kupferkies, Zinkblende, Bleiglanz reichlich sind, könnten unter den gleich näher zu besprechenden Voraussetzungen auch diese Mineralien zunächst als Gerölle, bzw. feiner Grus in die Konglomerate gelangt sein. Hier sind gerade sie — und das entspricht allen Beobachtungen z. B. in Zerrklüften tektonisch beanspruchter Lagerstätten — besonders zu Umlagerungen „pseudohydrothermaler" Natur oder unter „hydrothermalen" Bedingungen oder in „leeren Thermen", oder wie man denselben Vorgang noch anders nennen mag, geeignet. Schließlich entstammt ja wohl die Hälfte aller schönen Kristalle dieser Mineralien in unseren Sammlungen solchen Vorgängen! Für Gold gilt mit geringer Abwandlung dasselbe.

Daß Pyrit wenig, Uranpecherz (abgesehen von der Branneritbildung) kaum, Diamant, Zirkon, Chromit, Iridosmium gar nicht sich bei solchen Bedingungen umlagern, ist keinesfalls überraschend — falls sie zuerst einmal intakt in das Konglomerat gelangt sind.

Hier setzt die einzige ernstzunehmende Kritik der Hydrothermalisten ein, derzuliebe sie allen noch so klaren Beobachtungsbefund glauben übersehen zu dürfen: Sie behaupten, daß heutzutage Pyrit und erst recht Uranpecherz so schnell bei Wassertransport verwittern, daß eine Ablagerung in irgendwie gearteten Seifen (und Sedimenten überhaupt) unmöglich ist. Der Augenschein in rezenten Sanden und Konglomeraten gibt ihnen mit seltenen Ausnahmen bei Uranpecherz, mit häufigeren bei Pyrit, recht. Da nun aber der Beobachtungsbefund sowohl Pyrit wie Uranpecherz als Gerölle ausweist, müssen wir diskutieren, welche Möglichkeiten trotzdem bestünden, diese Tatsache zu erklären. *Alle* diese Möglichkeiten zu erfassen wird uns vielleicht nie gelingen!

1.) Es könnte junges Uranpecherz, das noch wenig durch radioaktiven Zerfall bedingte Gitterstörungen hat, viel widerstandsfähiger sein als gealtertes. Das trifft eindeutig zu z. B. in den rezenten Seifen der Indusquellflüsse, die aus ganz jugendlichen Graniten genährt werden (Abb. 75). Es ist aber das für uns kaum *allein* der entscheidende Punkt, der ja *vier* verschiedene Lagerstätten, *eine* davon (W. W. R.) mit einer wahrscheinlich sehr langen Bildungsdauer, ganz ähnliche Verhältnisse zeigen und es natürlich recht unwahrscheinlich ist, daß in *allen* Fällen gerade junges Uranpecherz zur Verfügung stand.

2.) Die Umgebung war so, daß die Verwitterung auf ein Minimum zurückgedrängt war. Das wäre denkbar (aber unwahrscheinlich) bei einer Sedimentation in einem etwa durch Faulschlammbildung reduzierenden Gewässer. Eher könnte man denken an Ablagerungen vor einer abschmelzenden Eiskappe in einem Schelfmeer während einer Eiszeit oder besser mehreren aufeinanderfolgenden. Gewisse Anzeichen deuten am W. W. R. auf solche Verhältnisse, sind aber vorläufig für die ganze, sicher sehr langdauernde W. W. R.-Zeit schwer vorstellbar. Außerdem müßten am Bl. R., S. J., D. R. zu ganz anderen Zeiten und in anderen Gegenden ähnliche Bedingungen geherrscht haben — was naturgemäß sehr unwahrscheinlich, wenn auch nicht ausgeschlossen ist.

3.) Die Bildung der Konglomerate: 3000 Mill. Jahre Dom. Reef, 1800 Mill. Jahre W. W. R., 1100 Mill. Jahre Bl. R. wäre erfolgt, als noch prinzipiell andere Verwitterungsverhältnisse — also z. B. eine Methan- oder Kohlensäureatmosphäre — bestanden. Damit würden wir — so meint z. B. DAVIDSON — den Aktualismus im Sinne von LYELL verlassen. Verlassen wir ihn wirklich?! Die moderne Astronomie weiß schon recht lange, daß z. B. der Planet Venus eine Kohlensäureatmosphäre besitzt; es ist also nur eine Art von „Aktualismus höherer Ordnung“, wenn wir diese Annahme machen. Die Geologen exemplifizieren und schließen schon längst aus den Meteoriten auf das Erdinnere — tun sie damit nicht genau dasselbe?[1])

Weitere Möglichkeiten, auch Kombinationen der Genannten untereinander oder mit eventuell neuen gibt es sicher, wir kennen sie aber nicht. Daß es sie aber geben kann, sollte uns abhalten uns zu energisch auf Fall 1, 2 oder 3 festzulegen. Wir können nur hoffen, daß neue Erkenntnisse — nicht by considerations, sondern by observations! — uns später weiterhelfen!

---

[1]) Nicht unerwähnt bleiben soll in diesem Zusammenhang eine höchst bemerkenswerte Arbeit von P. ESKOLA [3], deren in einer Tabelle dargestellten Schlüsse geradezu verblüffend auf unsere Lagerstätten passen: D. R. würde mit 3000 Mill. nach ESKOLA gerade in die Zeit allererster Ausscheidung von Kohlenwasserstoffen durch anaerobische Organismen fallen, W. W. R. mit 1800 Mill. in den allerersten Beginn der Photosynthese, Bl. R., 1100 Mill. in den frühen Bereich freien Sauerstoffes. — Ich halte diese Arbeit, geschrieben aus der Erfahrung eines langen Lebens von einem genialen Gelehrten, der gleichzeitig einer der besten Kenner des Präkambriums ist, für überaus lesenswert — ohne mich aber imstande zu fühlen, sie in positivem oder negativem Sinn zu kritisieren.

Die Frage der „pseudohydrothermalen"[1]) authigenen Umlagerung bzw. Bildung von Gold, Bleiglanz, Magnetkies, Zinkblende, Pentlandit, Millerit, Skutterudit, den Fortwachsungen von Pyrit, macht in einem Medium, wo auch der Quarz des Bindemittels sich umlagerte, Sericit und Chloritoid sich bildeten, und Ilmenit wie in alpinen Klüften sich in Rutilnetze und -Aggregate umbildete, keinerlei Schwierigkeit. Sind doch einfach durch die Versenkung, aber auch — in Hinblick auf mehrere „Generationen" — durch Aufheizung durch Eruptivgänge Temperaturen von $\sim 300°$ (lokal neben Dykes sicher auch mehr!) und sehr hohe Drucke selbstverständlich. Durch lokale Abröstung von Schwefel (Pyrit → Magnetkies) wird der Schwefelhaushalt (Umbildung z. B. des Eisens des Black Sand zu Pyrit) verständlich. Ein Teil des S mag auch der Tätigkeit von S-Bakterien entstammen, die in dunkleren tonigen Schichten existierten.

KRITIK EINER ARBEIT VON C. F. DAVIDSON

Vor kurzem ist eine polemische und nicht immer sehr taktvolle Arbeit von Herrn DAVIDSON erschienen, die sich gegen die sedimentäre Deutung der hier behandelten Lagerstätten überhaupt und insbesondere gegen die Autoren wendet, die auf Grund ausgedehnter mikroskopischer Untersuchungen einer sedimentären Deutung zuneigen, nämlich LIEBENBERG und mich. In einer kurzen Entgegnung [12e] habe ich schon gesagt, daß es außerordentlich schwer ist, eine Arbeit zu kritisieren, in der „*considerations*" den Hauptteil bilden und die von der Gegenseite gebrachten *Tatsachen* als „quantité négligeable" betrachtet werden. Ich habe mich dort beschränkt, auf einige grob fehlerhafte (um nicht zu sagen verfälschte!) und ganz abwegige Zitierungen meiner Arbeiten hinzuweisen. Obwohl ich der Überzeugung bin, daß DAVIDSON unbelehrbar ist, möchte ich auf einige seiner Argumente eingehen, wobei ich seiner Anordnung folge. Ganz nachdrücklich muß ich aber sagen, daß ein *Nichteingehen* in *keinem Fall eine Zustimmung* bedeutet. Insbesondere ist alles das, was er als „geochemische Überlegungen" darstellt und vielleicht dafür hält, völlig gegenstandslos, wenn es sich um Seifenlagerstätten handelt!

Bereits in seinem „abstract" sagt D. „claims that detrital uraninite can be recognized in mineragraphic studies lack due objectivity". Obwohl sich dieser Satz bevorzugt gegen LIEBENBERG richtet, spreche ich hier ganz energisch Herrn DAVIDSON die Fähigkeit zu einem Urteil ab; dazu hat er eben zu wenig Erfahrung in Erzmikroskopie. — S. 669. Die „consanguinity" von Pyrit, Uran und Gold ist keinesfalls „irrefutable" — ebensowenig wie etwa das Nebeneinander von Granat, Chromit, Zirkon und Quarz in einem Flußsand die gemeinsame Herkunft beweisen würde. — Eine sehr erfreuliche Selbstkritik steht in dem Satz (S. 669 unten) „. . . Hydrothermal theory . . . has been the more favored by many geologists not concerned with day-to-day mining operations". Vielleicht haben die Leute, die täglich die Lagerstätte sehen und, um meine Person zu erfassen, viele Hunderte von Schliffen und Tau-

---

[1]) Ich betone erneut, daß „hydrothermal" nach dem reinen Wortsinn durchaus den Begriff, der hier gemeint ist, nach Temperatur, Druck, Lösungsgenossen decken würde. Da aber der mindestens seit der Jahrhundertwende in allen Ländern bestehende *Gebrauch* (so angewendet z. B. in Economic Geology seit dem 2. Jahrgang 1906 und danach in Hunderten von Fällen und konsequent ebenso in der Diskussion über den Witwatersrand) *begrifflich stets* Zufuhr von unten, d. h. von einem nachgewiesenen oder anzunehmenden Magma enthält, muß, um ausdrücklich diesen Nebensinn auszuschließen, „*pseudo*hydrothermal" gesagt werden. Es ist Spiegelfechterei, wenn von einigen Seiten jetzt gesagt wird, daß die betreffenden bisher mit „hydrothermal" nur den *Zustand*, nicht die *Herkunft* der Lösungen hätten bezeichnen wollen. Immerhin wollen wir es als Äußerung eines „geordneten Rückzuges" gern registrieren!

sende von Handstücken gründlich untersuchten, eben doch ein besseres Urteil als die, die am „Grünen Tisch" Überlegungen über Geochemie am untauglichen Objekt anstellen!

S. 670. Meint DAVIDSON in der Feststellung, daß die Reefs alle ein starkes Übergewicht an UO_2 gegenüber ThO_2 hätten, einen wichtigen geochemischen Gesichtspunkt zu haben. Erstens trifft das für die Blind River Reefs keineswegs zu (UO_2:ThO_2 schwankt zwischen 20:1 und 1:150 — also um den Faktor 3000!), sondern ist nur vorgetäuscht durch die wirklich nicht „geochemische" Tatsache, daß ThO_2 z. Zt. wirtschaftlich noch uninteressant ist, also nur ein sehr kleiner Teil der Konglomeratausbisse — eben der mit Uranvormacht — bauwürdig ist. Zweitens ist der geringe Th-Gehalt gerade am Witwatersrand dadurch bedingt, daß der Th-Träger Monazit, wegen vergleichsweise niedrigeren spezifischen Gewichts und geringer Härte eine vielfache Umlagerung — ein wohl anerkanntes Charakteristikum der Witwatersrandreefs — selten überlebt. Im weniger umgearbeiteten Dominion Reef findet er sich noch reichlich, ebenso übrigens Spinell, Granat, Euxenit und auch Zirkon. — Daß in rezenten Seifen Thorium überwiegt, ist die Folge der in den angegebenen Beispielen sehr schnellen Verwitterung des Uranpecherzes. Das ist in den Beispielen — meist tropische oder subtropische Gebiete — keineswegs überraschend. Die Sätze (b) und (c) hängen engstens damit zusammen. Das sind, ebenso wie das Folgende, Daten, die gegen die Tatsache, daß das Witwatersranduranpecherz (überwiegend) Geröllcharakter hat, nicht das Geringste sagen können, sondern nur zeigen, daß diese Tatsache zu *erklären* eben besondere geologische Gegebenheiten angenommen werden müssen — was nie jemand bezweifelte! — Daß es übrigens auch rezente Seifen mit Uranpecherz geben kann, beweisen meine Bilder aus dem Indusgebiet (Abb. 75, 76).

S. 671. Die Feststellung von COUSINS verallgemeinert wohl zu stark, weil die Analyse auf Osmiridium längst nicht überall durchgeführt wird (bei reiner Laugung des Goldes ohne jede flotative oder gewichtsmäßige Trennung ist Iridosmium wirtschaftlich uninteressant!). Ein Zutreffen würde aber nur beweisen, daß eben das schwere Uranpecherz mit dem noch schwereren Iridosmium sich zusammenfinden.

Iridosmium ist wirklich hier „undoubtedly of placer origin". Wie bei DAVIDSON Iridosmium zur Ehre hydrothermaler Deutung kommt, ist um so unverständlicher, als er ja meint, „geochemisch zu denken". Nun: Iridosmium stammt *primär* bisher *ausschließlich* aus Duniten, Chromititen und basischen Differentiaten des Bushvelds und ähnlicher Komplexe. Alle Beispiele für das Vorkommen von Platinoiden in hydrothermalen Paragenesen beziehen sich auf Palladium und untergeordnet Platin — nun: darüber findet man Angaben schon bei V. M. GOLDSCHMIDT (etwa 1926!). Daß ich zwei Iridosmiumkörner abbildete, die einwandfrei Kennzeichen eines Wassertransports zeigen, wird wohlweislich verschwiegen.

S. 672. Jeder, der sich einmal mit tektonisierten Lagerstätten irgendwelcher Entstehung beschäftigt hat, weiß, daß auf Zerrklüften sich prächtige Kristalle von Kupferkies, Zinkblende, Bleiglanz, Linneit u. a. finden. Das gilt für winzigste Klüftchen ebenso wie für mächtige Kristallkeller. Diese Mineralien — und bei geeigneter Nachbarschaft das Gold — sind nämlich ebenso wie Quarz unbeschadet ihrer geringen Löslichkeit im Laboratorium (bei reinem Wasser, Zimmertemperatur und ohne Temperaturgefälle!) außerordentlich leicht in den bei Metamorphose mobilisierten Wässern löslich. Das ist (oder sollte sein) eine triviale Erfahrung und steht z. B. ausführlich diskutiert im Buche „Die Mineralien der Schweizer Alpen" von Niggli und Koenigsberger. — Die von DAVIDSON in diesem Zusammenhang angeführten Mineralien Arsenopyrit und Cobaltit sind allerdings praktisch *stets* Gerölle wie Pyrit — tatsächlich sind gerade sie auf Zerrklüften kaum oder nie beobachtet!

S. 672/3. Wenn die Radioaktivität direkt mit der Korngröße in den Sedimenten wechselt, so ist das ein ausgezeichneter Hinweis dafür, daß Uranpecherz, das ja als besonders schweres Mineral mit den gröbsten Fraktionen gehen muß, sedimentogen ist. Mit der besonderen Durchlässigkeit der Konglomerate, die übrigens neuerdings entschieden bestritten wird, hat das nichts zu tun. — Sämtliche „geochemischen Argumente" DAVIDSONs sind also keineswegs „strong", sondern äußerst „weak"!

Zu der Frage des „*Deus ex machina*", der die schnelle Verwitterung des Uranpecherzes verhinderte, versucht DAVIDSON Gegensätze zwischen LOUW, WIEBOLS, BAIN, LIEBENBERG und mir zu konstruieren. Tatsächlich sind wir völlig einig darin: zunächst, daß wir nichts Bestimmtes wissen, dann aber in der Ansicht, daß es unbefriedigend (wenn auch sehr bequem) wäre, sich darüber keine Gedanken zu machen. Alle Autoren stellen diese ihre Gedanken so vorsichtig dar, daß Herr DAVIDSON wirklich davon lernen könnte. Daß diese Gedanken nun haarscharf die gleichen sein sollen, ist wirklich ein wenig viel verlangt! Tatsächlich ist aber keine der Hypothesen so, daß sie die andere ausschlösse.

Gegen die von mehreren der genannten Autoren geäußerte Idee einer Kohlensäureatmosphäre wendet sich DAVIDSON mit einem Hinweis auf eine Arbeit von GEIJER. Die Bildung von Hämatit ist aber in einer Kohlensäureatmosphäre durchaus möglich. Wenn praktisch alle Astronomen heute für den Planeten Venus eine Kohlensäureatmosphäre als gesichert ansehen und wohl entschieden die Mehrzahl dasselbe für unsere Erde in den ältesten Zeiten annimmt, so sollte es doch dem Geologen von heute erlaubt sein, den — philosophisch gesehen sicher richtigen — Grundsatz des Aktualismus von LYELL etwas liberaler, sagen wir kosmischer, anzuwenden. Verfasser selbst ist — wie auch an anderer Stelle gesagt wird — übrigens dafür, jeden Deutungsversuch nur als eine Arbeitshypothese anzusehen mit dem Eingeständnis, daß es auch ganz anders gewesen sein könnte!

S. 676 werde ich direkt angesprochen, wegen meiner Ideen über die verschiedene Verwitterungsempfindlichkeit und Erhaltung der Spaltbarkeit in verschieden alten Uranpecherzen. Diese meine Überlegungen halte ich prinzipiell völlig aufrecht, wenn auch die geäußerte quantitative Altersschätzung dabei zu niedrig sein mag. Tatsächlich wird ein geolog. junges Uranpecherz sich u. U. dort anreichern können, wo ein sehr altes schnell mechanischer oder chemischer Zerstörung unterliegt. — Die „typisch oktaedrische Spaltbarkeit" hat D. übrigens gründlich mißverstanden (Adverb und Adjektiv!). Auch nach dem Zusammenhang (und den Bildern!) hätte er sehen können, daß das im Gegensatz zu einer anderswo erwähnten würfeligen Spaltbarkeit gemeint ist und sich nicht auf die Gesamtheit der — meist überhaupt keine Spaltbarkeit zeigenden — Uranpecherzkörner bezieht. — S. 676 unten ist berichtigend zu sagen, daß nach der neuesten Karte des Randes 3 Gruben der untersten Teile des W. W. R. und D. R. Uran fördern, 22 der oberen Teile und des Black Reefs — das ist immerhin anders als 2:90!

S. 677 (etwa Mitte): Wenn Thorium in der Tat besonders in Mischkristallen (Monazit, Apatit, Titanit, Thorit) von relativ niedrigerem spezifischen Gewicht vorhanden ist, so ist das ja gerade, weshalb bei starker und wiederholter Klassierung das viel schwerere Uranpecherz mit den anderen Schwerstmineralien geht! — Daß ich (S. 41 meiner Arbeit) gesagt haben soll, daß „die ganze Paragenesis von der Erosion einer unendlichen Zahl von hydrothermalen Gängen" usw. stammen soll, ist *völlig erfunden* und kann auch bei allerliberalstem Zugeständnis sprachbedingten Mißverstehens nur als *Fälschung* bezeichnet werden.

S. 678. „The evidence of mineragraphy" — LIEBENBERG und ich fühlen uns sehr geehrt, daß wir „almost solely" die „placer theory" hochhalten sollen. „*Ganz*" stimmt das nicht, denn wohl alle Geologen am Witwatersrand sind „placerists" — und da sind viele darunter, die in Amerika und Canada beim Studium eigentlich recht weitgehend „hydrothermal" vorbehandelt sind! — Uns beiden wirft D. Mangel an Objektivität vor, weil wir ein „statement" von ihm übersehen haben sollen, daß die Uranerzpecherzkörner im Thucholith des Randes runde Form hätten etc. Eigentlich sollte D. uns dankbar sein, daß wir diese völlig verkehrte Behauptung taktvoll übergangen haben. Tatsächlich sind — wie z. B. aus meinen Bildern von Uranpecherz in kohliger Substanz ersehen werden kann — diese Uranpecherzkörner von verschiedenster Form, aber ganz gewiß nicht rund! — Zu seiner Bemerkung: „he claims repeatedly and unequivocally that uraninite . . . restricted to the bottom of the reefs". Ich habe an einer ganzen Reihe von Stellen gesagt, daß diese Tatsache, daß die Schwergemengteile und mit ihnen Uranpecherz und Gold im Liegenden angereichert seien, durch „falsche Liegende" sehr häufig Ausnahmen habe. Das ist in allen Seifen so, daß nach jedem Sedimentationshiatus erneut Schwermineralanreicherung statthat, eine Trivialität, die in jedem Lehrbuch nachzulesen ist. Das Zitat, die Babrosco Mine und ihren Consulting Geologist betreffend, ist schwer zu beantworten, da in meinem Text exakt das Gegenteil des Zitierten steht! — In bezug auf das Vorkommen einer zweiten Generation von Uranpecherz glaube ich wirklich mir erheblich mehr Urteil zutrauen zu können als Davidson — it forms indeed a *very* small part in quantity and distribution! —

S. 680. Die Behauptung, daß kohlige Substanz bereits im polymerisierten Zustand als Geröll ins Black Reef kam (übrigens auch schon in einige ältere Reefs) halte ich voll aufrecht und bin bereit, es jedem zu zeigen! Auch die S. 680 von *D.* angezweifelte Beobachtung, daß in meinen (sehr guten) Präparaten keine Anzeichen kolloidalen Ursprungs vorhanden seien, wird durchaus aufrechterhalten — ebenso wie ich übrigens auch Herrn Liebenberg voll zustimme, wenn er die Sprünge als „brecciation" bei der Sedimentation wie bei der späteren schwachen Metamorphose ansieht.

S. 681. In der Tat bin ich der Überzeugung — die *D.* ad absurdum zu führen versucht —, daß unter den anzunehmenden Bedingungen „pseudohydrothermal" Uranpecherz weniger beweglich ist als Gold. Gold ist — was *D.* eigentlich wissen könnte! — keineswegs the „paragon of chemical stability". — Im nächsten Absatz ist eine böswillige Verdrehung enthalten, indem eine Registeraufzählung aus meinem Erzbuch zitiert wird, der dazugehörende Text, der genau wie in meiner Arbeit ausführt, daß Magnetit und Ilmenit *zerstört* seien, aber unterschlagen wird. Ich habe auch nie behauptet, daß Rutil „considerable distances" gewandert sei, sondern — gerade hier brachte ich zufällig einen Zahlenwert — „vielleicht $^1/_2$ mm!!" —.

S. 682 u. 683. Der ganze Abschnitt über Korngrößen von Geröllen bzw. Sandkörnern ist völlig gegenstandslos. Die Zitate von allen möglichen Autoren hätte sich Davidson ersparen können, wenn er von den 60000 Konzentrationen von Schweresanden, die er untersucht hat (S. 671), einmal Korngrößenbestimmungen gemacht hätte. Dann hätte er gefunden, daß die Pyrit- (und ebenso Uranpecherz-) gerölle bzw. -sande durchaus in der Variationsbreite (bzw. für Uranpecherz: der zu erwartenden Variationsbreite) für die spezifischen Gewichte liegen, und zwar keineswegs ganz am unteren Ende. Ich selbst habe nur etwa 120 Konzentrate dieser Art untersucht (also etwa $^1/_{500}$ von D.) — aber ich könnte genug „evidence" geben (was z. B. in Abb. 1, 2, 3a, 3b geschieht). Wozu sich einhüllen in den Purpurmantel enormer Literaturkenntnis, wenn durch die eigenen Angaben klar wird, wie wenig an der fraglichen Stelle mit ihr zu machen ist! Wenn zwei zitierte Autoren zu Ergebnissen kommen, die linear um 1:15, d. h. gewichtsmäßig um 1:3375(!!) differieren, und das noch dazu bei einem gar nicht zur Diskussion stehenden Mineral, dann sollte man solche Argumente besser in der Kartei lassen! Auch meinen Satz, daß die alte Ansicht, die gerundeten Pyritkörner seien verdrängter Quarz etc. zu fast 100% Nonsens ist, halte ich voll aufrecht — und bin bereit, es jederzeit jedem, der nicht durch vorgefaßte Meinungen vom grünen Tisch her benebelt ist, zu beweisen! —

Die Einwände, die Davidson gegen Vorhandensein und Deutung meiner „Uranpecherzgeister" S. 684 macht, zeigen, daß er entweder überhaupt nicht gründlich mikroskopiert hat, oder mit unwahrscheinlich ungünstigen Präparaten arbeitete. Die meisten Ausführungen S. 685—691 sind teils unwesentlich für die ganze Fragestellung überhaupt, teils lassen sie sich so oder so ausdeuten, teils aber sind sie logische Folgen einer Sedimentation und damit solide Stützen für die Seifentheorie. Das wird man z. B. unbedingt zur Feststellung sagen, daß manche sandigen Zwischenhorizonte reicher an Pyrit und Gold sind, als man es in „normalen" Sedimenten gewohnt ist. Ist denn das überraschend, wo jede Umlagerung feinsten Abrieb natürlich auch von Gold und Pyrit liefert!

Noch ganz zuletzt (S. 691) die Feststellung, daß die Behauptung, die Vererzung sei Post-Transvaal, geologisch sicherlich falsch ist. Absolut eindeutige geologische Beweise liegen vor, daß — natürlich abgesehen vom Black Reef — die ganze W. W. R.-Vererzung Prae-Ventersdorp ist. Der oben geführte Nachweis, daß die Ventersdorplaven bereits vorliegende Pyrit-führende Konglomerate kontaktmetamorphosierten, zeigt eigentlich nur noch einmal mehr etwas, was die Kenner der Lagerstätte längst wußten!

ZUSAMMENFASSUNG UND VERGLEICH DER BEOBACHTUNGEN IN DEN VIER LAGERSTÄTTEN

Schon die Besprechung der Einzelvorkommen wie auch der Abschnitt „Geologische Überlegungen" mit der Auseinandersetzung mit DAVIDSON brachte so oft Gelegenheit und Notwendigkeit sich mit Vergleichen zu befassen, daß ich mich hier kurz fassen kann und muß. Dabei ist des besseren Überblickes wegen weitgehend generalisiert:

Geologisch sind die Vorkommen ähnlich; D. R., Bl. R., wahrscheinlich S. J. haben weitgehend den Charakter unmittelbarer und demgemäß nach Stoff, Korngröße und Geröllform relativ wenig klassierter Transgressionskonglomerate. Der Witwatersrand gibt in seinen älteren Teilen noch z. T. dasselbe Bild, während er in den jüngeren Reefs mehr und mehr eine immer strenger werdende Auswahl aus dem Altmaterial darstellt, die durch lokal wechselnde, oft durch Teiltransgressionen oder Erosionen („Channel"bildungen z. B.) beeinflußte Neuzufuhren von außen, wie aus den zwischenliegenden mehr sandig-tonigen Schichten etwas modifiziert, lokal verwischt ist. Alle Einzelbeobachtungen lassen sich zwanglos in dieses Schema eingliedern.

Das *geologische Alter* ist verschieden. Wenn ich in dieser Arbeit ein Alter für D. R. 3000, W. W. R. 1800, Bl. R. 1100 Millionen Jahre angebe, so sind das Richtwerte, die zwar 1.) die Altersfolge relativ zueinander, 2.) die ungefähre Größenordnung sicher korrekt darstellen, aber durch die Tatsache, daß die Altersbestimmungen sich auf radioaktive Mineralien gründen, die dem Untergrund entstammen, bei genauerer Untersuchung sich ändern werden (nach meiner Überzeugung zu etwas niedrigeren Werten für die Konglomeratbildung selbst). — Auch die Beobachtungen, aus denen implicite auf geologisches Alter, absolutes wie relatives, geschlossen werden kann, also z. B. der hohe PbS-Gehalt im Uranpecherz des Dominion Reefs, wie die Spärlichkeit, beinahe schon das Fehlen kohliger Substanz und die weitaus stärkere Regionalmetamorphose in diesem stimmen ausgezeichnet damit. Altersbestimmungen der S. J.-Konglomerate sind mir nicht bekannt. Nach Art und Zustand der Gerölle möchte ich hier ein relativ geringes Alter, wie etwa Bl. R. annehmen. —

In allen vier Gebieten liegen *mehrere Konglomerathorizonte* vor. In drei Fällen, D. R., Bl. R., S. J. folgen diese aber so schnell, im vertikalen Abstand und sicher auch zeitlich aufeinander, daß man gesetzmäßige Unterschiede nicht wird erwarten können. Wenn, wie z. B. in dem erheblich höheren Pyritgehalt eines der Horizonte an der S. J., einmal Unterschiede vorliegen, sind sie sicher zufälliger Natur wie sie eben bei allen Transgressionsfolgen vorkommen. Im Witwatersrand ist das anders: Hier verschwinden zunehmend die empfindlicheren Komponenten — natürlich nur in großer Sicht gesehen — und die Gerölle, sowohl die großen aus Quarz, wie die kleinen aus Chromit, Uranpecherz, Pyrit werden durchschnittlich runder. Daß dabei immer etwas feinster Abrieb in die mehr sandigen Partien geraten wird, entspricht der Erwartung durchaus.

Der *Mineralbestand* ist für die Hauptkomponenten: Quarz, Pyrit, zu Rutil pseudomorphosierter Ilmenit, Uranpecherz sehr ähnlich. Die Nebenkomponenten geben ein Bild wechselnder Zuzugsgebiete und wechselnder Bedingungen. Wenn also am Dominion Reef für sie eine große Vielgestaltigkeit der Paragenese offensichtlich ist, so bedeutet das, daß unter Berücksichtigung der relativ geringen Aufarbeitung — eben das Abtragungsgebiet wechselvolle Gesteine und Lagerstätten enthalten haben muß. In dem außerordentlich großen Areal, das die W. W. R.-Sedimente bedecken, und der vielfachen Umlagerung im Großen wie im Kleinen ist eine vielgestaltige Paragenese natürlich nicht überraschend. Am Bl. R. war die Umlagerung gering, der Mineralbestand ist demgemäß noch offenkundiger abhängig vom Untergrund, bzw. von dem — wie bei jedem schlecht klassierten Konglomerat — nicht weit entfernten Zuzugsgebiet als z. B. am D. R. Der starke lokale Wechsel von U:Th ist eine Folge davon, auch der recht eintönige Charakter in den Typen des Pyrits. Am eintönigsten ist bisher S. J., doch kann das an der ungünstigen Auswahl der untersuchten Proben liegen.

In allen Fällen ist der Grad der Metamorphose gering, am stärksten noch am Dominion Reef, wo ausgesprochene Kristallisationsschieferung vorkommt[1]). In allen Fällen haben natürlich kleine Teilbewegungen stattgefunden, die sich in Abscherungen besonders an den Grenzen dickerer Konglomerathorizonte gegenüber den nachgiebigeren Liegendschichten äußern. Sie sind im allgemeinen aber sehr gering, oft nur durch Sericitfilme dargestellt.

Das *Uranpecherz* ist am Witwatersrand durchschnittlich besser gerundet als im D. R. oder Bl. R. Daß das aber nur eine Folge stärkerer und wiederholter Umlagerung ist, zeigt die Tatsache, daß in den älteren Reefs die Rundung durchschnittlich geringer ist. Im Konglomerat neugebildetes Uranpecherz ist in allen Fällen sehr selten oder fehlt ganz. Wo es einmal beobachtet ist, stellt es oft Fortwachsungen von Geröllen dar, also ganz analog den gewöhnlichen Fortwachsungen des Pyrits (übrigens auch des Quarzes), oder ist mit größter Wahrscheinlichkeit aus ,,Brannerit" zurückgebildet. Das Gerölluranpecherz ist, wo sichere Kennzeichen vorliegen, stets ,,Uraninit". Da in gewissen Primärlagerstätten kolloidal gefällte Pechblenden vorkommen, bei denen die kennzeichnenden Merkmale wenig deutlich sind, möchte ich das Vorkommen solcher unter den Geröllen immerhin nicht ausschließen — wahrscheinlich erscheint es mir nicht!

Brannerit[2]), gebildet aus Rutil + Uranpecherz im Konglomerat selbst, ist im Bl. R., D. R., W. W. R. in ganz ähnlicher Weise nachgewiesen und tatsächlich überall einer der Hauptträger des Urans. — Auf den Gegensatz des detritogenen Urans und des durch Umlagerung im Brannerit gebundenen sei nachdrücklich hingewiesen. Alle solche Lagerstätten werden bei einer radioaktiven Altersbestimmung besondere und bisher nie berücksichtigte Schwierigkeiten machen.

Alle Beobachtungen passen vorzüglich zu einer Deutung aller unserer Lagerstätten als fossile Seifen mit einer Umlagerung der Mineralien, die auch sonst unter ,,hydrothermalen Bedingungen" bekanntermaßen leicht wandern. Die Einwände von DAVIDSON gehen an den Tatsachen völlig vorbei.

Die Gedanken von BATEMAN, die meinen das für hydrothermale Zufuhr aus Gängen magmatischer Abfolge charakteristische Isotopenverhältnis des Schwefels zu finden, berücksichtigen die Tatsache nicht, daß der Pyrit Geröllnatur hat und mehr oder weniger, manchmal sicher überwiegend, aus aufgearbeiteten Hydrothermallagerstätten stammt. — Sie stehen also *nicht* im Gegensatz zu den von mir in der vorausgehenden wie vorliegenden Arbeit mitgeteilten

[1]) Auch hier könnte das, im Hinblick auf die geringe Ausdehnung des aufgeschlossenen Areals, nur eine lokale Erscheinung sein.

[2]) Im Sinne der konventionellen Definition! Daß sich ,,Brannerit" vielleicht einmal als ein Mischungsglied der Columbitfamilie im weitesten Sinn erweisen wird, ähnlich wie Euxenit u. v. a., stehe hier nicht zur Diskussion.

Beobachtungen. Sie haben aber damit in den beiden zur Diskussion stehenden Ansichten keine Beweiskraft.

Die Sedimentation von Uranpecherz in schweren Sanden ist nicht beispiellos. So findet es sich rezent reichlich im Quellgebiet des Indus. Hier hat auch Pyrit in großem Unfang den Transport bei wechselnd guter Abrollung überstanden, ebenso z. B. ged. Wismut und Arsenkies. Trotzdem scheinen dem Verf. für die Erklärung von gleich vier so großen Lagerstätten von verschiedenem Alter und in verschiedenen Weltgegenden besondere Verhältnisse nötig zu sein. Sie in einer Kohlensäureatmosphäre oder wenigstens einer kohlensäurereichen Atmosphäre zu suchen, scheint plausibel im Hinblick auf die Erkenntnisse der Astronomen. Daß das nur eine Arbeitshypothese ist, ist mehrfach nachdrücklichst betont.

LITERATURVERZEICHNIS

Witwatersrand, Blind River, Dominion Reef, Serra de Jacobina

[1] BATEMAN, A. M., Recent uranium developments in Ontario. Econ. Geol. **50**, 361–372, 1955.

[2] DAVIDSON, CH. F., On the occurence of uranium in ancient conglomerates. Econ.Geol. **52**, 668–693, 1957.

[3] ESKOLA, P., On the geological eras and the factors controlling organic evolution. Verhandl. Koninklijk Nederlandsch Geol. Mijnbouwkund. Genotschap. Deel XVI, 85, 1956.

[4] FRONDEL, CL., Mineralogy of Thorium. U. S. Geol. Survey, Prof. Pap. **300**, 567–579, 1956.

[5] GEIJER, P., Pre-Cambrian atmosphere: evidence from the Pre-Cambrian of Sweden. Geochimica and Cosmochimica Acta **10**, 304–310, 1956.

[6] HOLMES, S. W., Geology and mineralogy of the Pronto uranium deposit, District of Algoma, Ontario, Canada. Econ. Geol. **51**, 116, 1956 (nur kurzes Referat).

[7] DE KOCK, W. P., The Carbon Leader of the Far West Rand with special reference to the proportion of the gold content of this horizon recovered in drilling. Transact. Geol. Soc. S. Afr. **51**, 213–238, 1948.

[8] LIEBENBERG, W. R., The occurrence and origin of gold and radioactive minerals in the Witwatersrand System, the Dominion Reef, the Ventersdorp Contact Reef and the Black Reef. Trans. Geol. Soc. S. Africa, 1956.

[9] McDOWELL, J. P., Sedimentary petrology of the Mississagi Quartzite in the Blind River Area, Ontario. Progr. Amer. Meeting Geol. Soc. Amer. **94**, 1957.

[10] NUFFIELD, E. W., Brannerite from Ontario, Canada. Amer. Min. **39**, 520–522, 1954.

[11] PABST, A., Brannerite from California. Amer. Min. **39**, 109–117, 1954.

[12a] RAMDOHR, P., Die Erzmineralien und ihre Verwachsungen. Akademieverlag Berlin. 1955.

[12b] —, Neue Beobachtungen an Erzen des Witwatersrandes in Südafrika und ihre genetische Bedeutung. Abhandl. Akad. Berlin, Kl. Chemie No. 5, 1955.

[12c] —, Neue Beobachtungen über radioaktive Höfe und radioaktive Sprengungen. Abhandl. Akad. Berlin. Kl. Chemie No. 2, 17 S., 1957.

[12d] —, Die Pronto-Reaktion,. Neues Jahrbuch, Mineral. Monatsh. 1957, 217–222.

[12e] —, Diskussionsbemerkungen zu DAVIDSON. Econ. Geol. **53**, 1958. (Im Druck!)

[12f] —, Weitere Untersuchungen über radioaktive Höfe und andere radioaktive Einwirkungen auf natürliche Mineralien. Abhandl. Akad. Berlin, Kl. Chemie 1958.

[13a] ROSCOE, S. M., The Blind River, Ontario, Uranium Area. Institute Lake Superior Geology 40–48, Houghton 1957.

[13b] —, Geology and uranium deposits, Quirke Lake-Elliot Lake-Blind River Area, Ontario. Geol. Survey of Canada Paper 56/7, 1–2, 1957.

[14] STIEFF, L. R., STERN, T. W., C. M. CIALELLA u. J. J. WARR, Preliminary age determinations of some uranium ores from the Blind River area, Algoma District, Ontario, Canada. Bull. Geol. Soc. Amer. **67**, 1736–1737, 1956.

[15] TRAILL, R. J., Preliminary account of the mineralogy of radioactive conglomerates in the Blind River region, Ontario, Can. Min. Journ. **75**, 63–68, 1954.

[16] WHITE, M. G., Uranium in the Serra de Jacobina, State of Bahia, Brazil. Peaceful Uses of Atomic Energy (U. N. O.) Vol. 6 p. 140–142, 1956.

[17] ANONYM, Blind River, Algoma District, Ontario. Canad. Geol. Survey Map (1925 und 1955), Publ. No. 1970.

[18] —, („Prepared by the Commitee") Mining, Metallurgy and Geology in the Algoma uranium area. 6. Commonwealth Mining & Metallurgical Congress Toronto 1957.

ABBILDUNGEN

1. „*Sandstein*" aus *Pyrit, Chromit, Zirkon, Rutilpseudomorphosen* nach *Ilmenit,* feinzerriebene *Rutilaggregate.* Im Liegenden *Quarz,* deutlich erheblich gröber körnig; er ist auch von (wenig) grobkörnigen *Pyritgeröllen* begleitet. Vergr. 70 ×
2096/8843 Monarch Reef II, West Rand Cons. Mine.

2. „*Sandstein*", ausgezeichnet nach der Korngröße klassiert aus Geröllen von *Pyrit, Chromit, Rutil, Zirkon,* vereinzelt *Quarz.* Vergr. 55 ×
2178/9027 Upper Monarch Reef, West Rand Cons. Mine.

3a. „*Sandstein*" aus teilweise verwitterten Ilmenitgeröllen mit *Zirkon, Monazit, Rutil, Chromit,* wenig *Quarz.* Im Bindemittel (recht hell) *Anatas.* — Ausgezeichnet zum Vergleich mit 1 u. 2. Gemäß der geringeren Dichte ist hier das Korn im Durchschnitt etwas größer. Vergr. 55 ×
2177/8851 b Aus Eccasandstein, Bothaville, O. F. S.

3b. „*Black sand*", magnetische Fraktion (ganz überwiegend *Magnetit,* einige mitgerissene *Silikate*). Vergr. 45 ×
Argentinische Küste, 100 km v. Buenos Aires.
2232/Co.

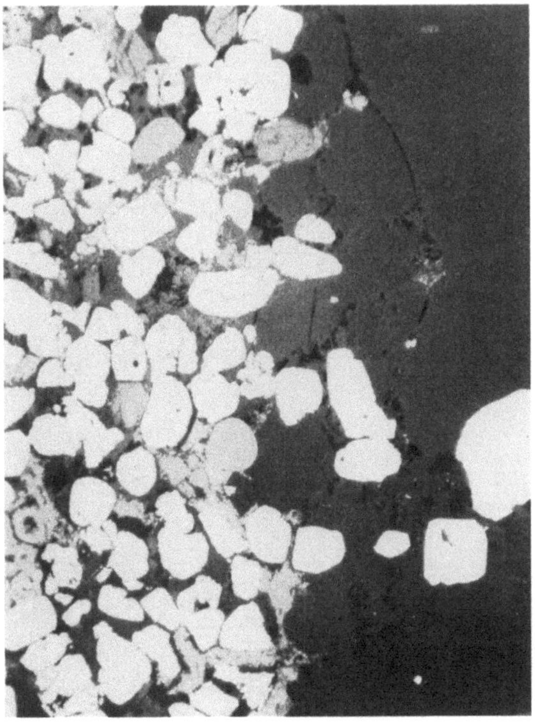

Abbildung 1

Abbildung 2

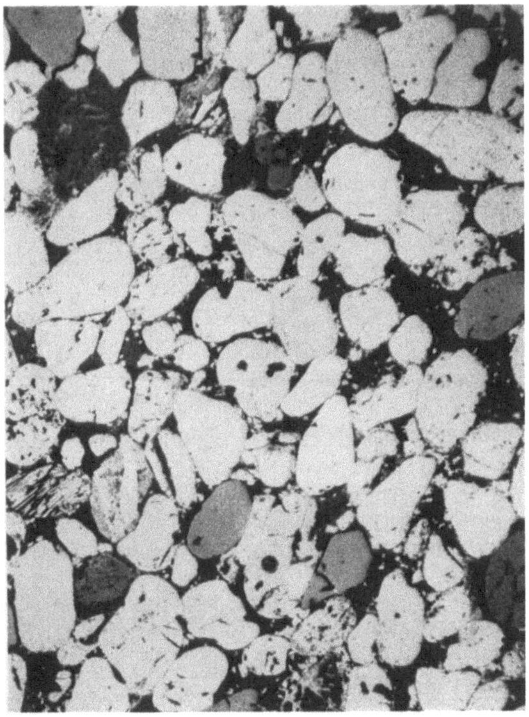

Abbildung 3a

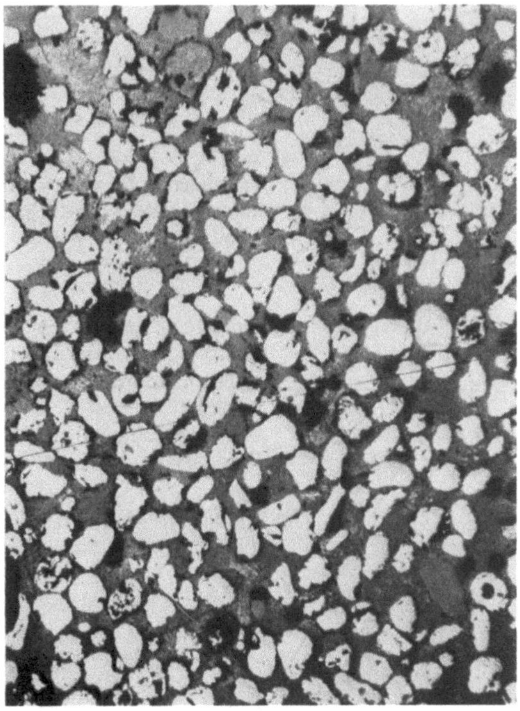

Abbildung 3b

4. Zwei *Arsenkieskörner* sind durch Einwirkung der Strahlung des umgebenden *Brannerits* (matt grau) randlich aufgelockert und dann weggelöst, alte Konturen gut erkennbar. Vergr. 250×, Imm.
2152/ Monarch Reef, West Rand Cons. Mine.

5. Ähnlich wie in 4 ist hier ein *Pyrit* korrodiert. Die alten Konturen sind durch einen Saum von *Brannerit* gut erkennbar. Die Zwischenräume sind jetzt mit jungem *Quarz* erfüllt. Vergr. 280×, trocken
2171/8840 Liegendpartie des Dominion Reefs, West Rand Cons. Mine.

6. Großes Geröll von *Pyrit*, das ursprünglich mit strahligem *Turmalin* (jetzt *Sericit* oder *Chlorit*) durchzogen war. Vergr. 35×
1869/7534 Black Reef Channel, F. E. R.

7. Kleines *Pyritgeröll* aus einer rhythmisch und radialstrahligen *Pyritmasse* entstanden. Daneben zwei andere Gerölle und eine kleine Menge neugebildeten *Pyrits*. Vergr. 80×
2097/8827 Kimberley Reef, Govt. Areas

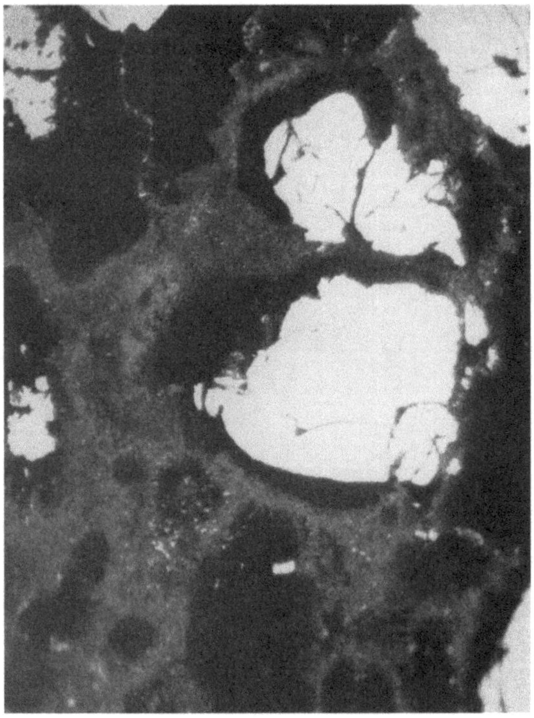

Abbildung 4

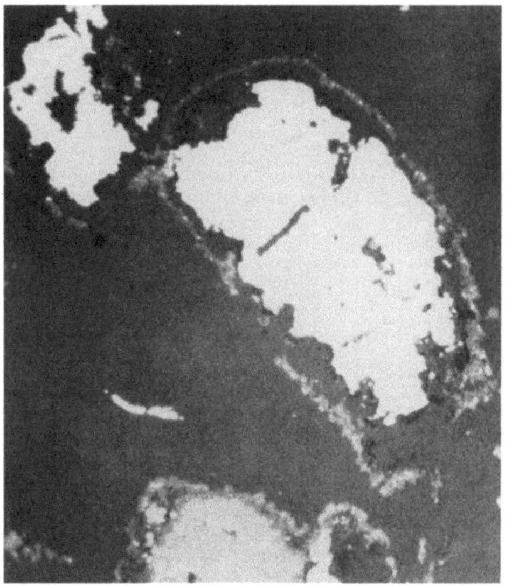

Abbildung 5

Abbildung 6

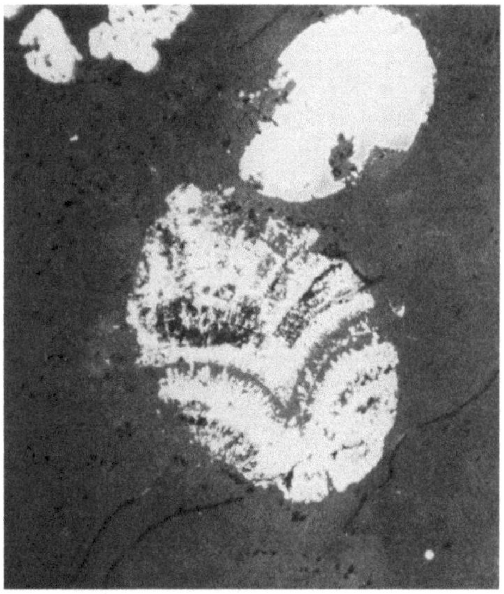

Abbildung 7

8. Abgesetztes Weiterwachsen eines großen *Pyritgerölls* (buckshots). Die Weiterwachsungen scheinen mit den jungen Sprungtapeten im *Quarz* gleichalt zu sein. Vergr. 35 ×
2085/8834 Black Reef Channel, Govt. Areas.

9. Zonenbau in einem nachträglich „angeknabberten" *Pyritgeröll*. Vergr. 150 ×
2163/9017 a Upper Govt. Reef, Horizon 5 Reef, Afrikander Lease Mine.

10. *Pyritgerölle* mit jungen „klaren" Fortwachsungen bzw. Ausheilungen. Vergr. 70 ×
2075/8819 Basal Reef, St. Helena Mine.

11. Großer *Pyrit* zerdrückt eine „porige Knolle". Daneben junger *Pyrit* mit *Gold*. Vergr. 80 ×
2094/8827 Kimberley Reef, Govt. Areas Mine.

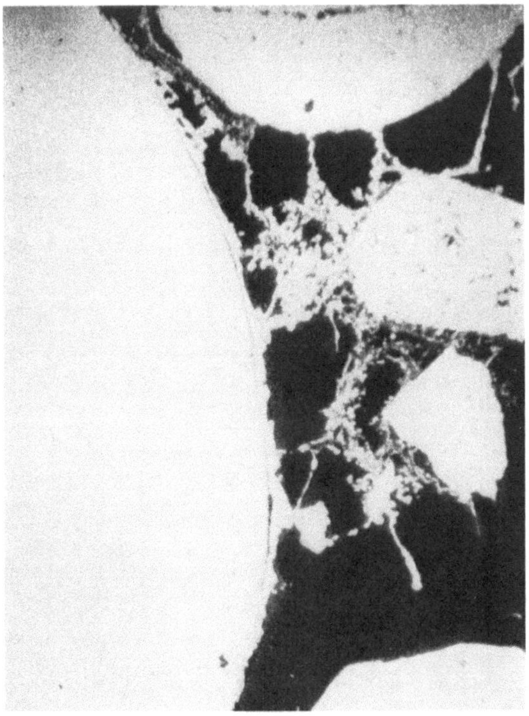

Abbildung 8

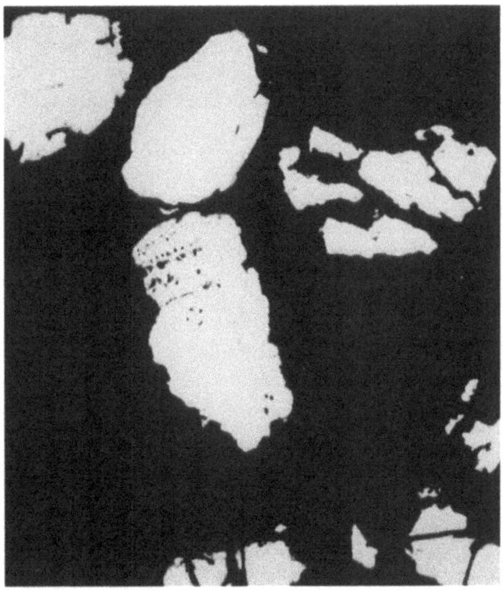

Abbildung 9

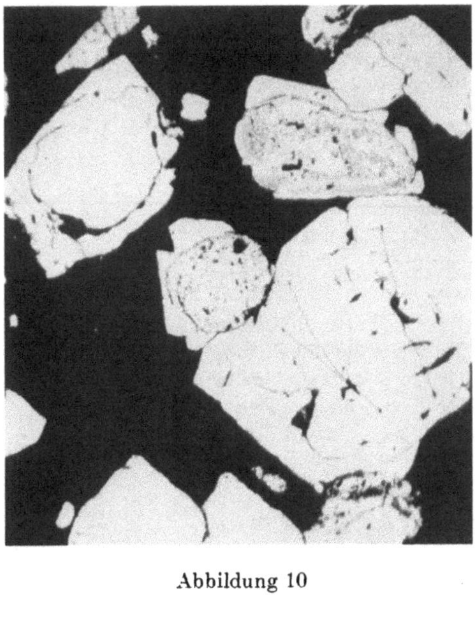

Abbildung 10

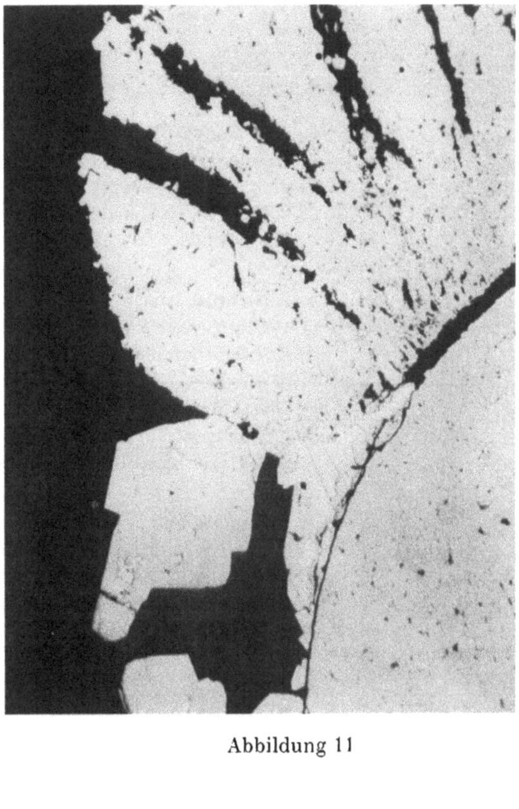

Abbildung 11

12. Aus feinen *Pyritskeletten* aufgebaute „porige Knolle" entstanden offenbar in fein toniger Matrix. Im Konglomerat abgerollt. Vergr. 250 ×, Imm.
2083/8846 Ventersdorp Contact Reef, South Roodepoort, West Rand.

13. Ausschnitt aus großem (10 mm) *Pyritgeröll* mit komplexer Geschichte: *Pyritkörner* verschiedener Herkunft, aber meist Kristalle kamen als Gerölle mit *Chromit*, *Rutil*, *Quarz* u. a. in ein Reef und wurden hier mit Pyritbindemittel verkittet. Das Ganze wurde aufgearbeitet und ist jetzt in einem zweiten (ev. dritten . . .) Reef als Geröll. Vergr. 70 ×
2074/8819 Basal Reef, St. Helena Mine.

13a. *Konglomerat* aus verschiedenen Typen von *Pyrit* mit *Zirkon*, *Chromit* u. a. Ein besonders großes Pyritkorn stellt ein bereits komplexes, mit Pyrit verkittetes Geröll von älteren Pyritgeröllen dar (ähnl. Abb. 13). Vergr. 45 ×
2211/9052 Virginia Mine, O. F. S.

14. „Porige Knolle", abgerollt. Entsprechend der großen Oberfläche ist außen *Gold* ausgefällt. Vergr. 250 ×, Imm.
1929/ East Geduld Mine.

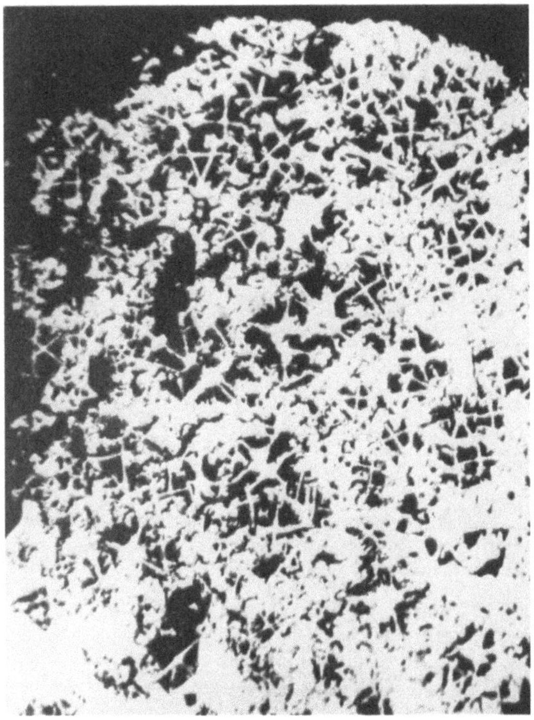

Abbildung 12

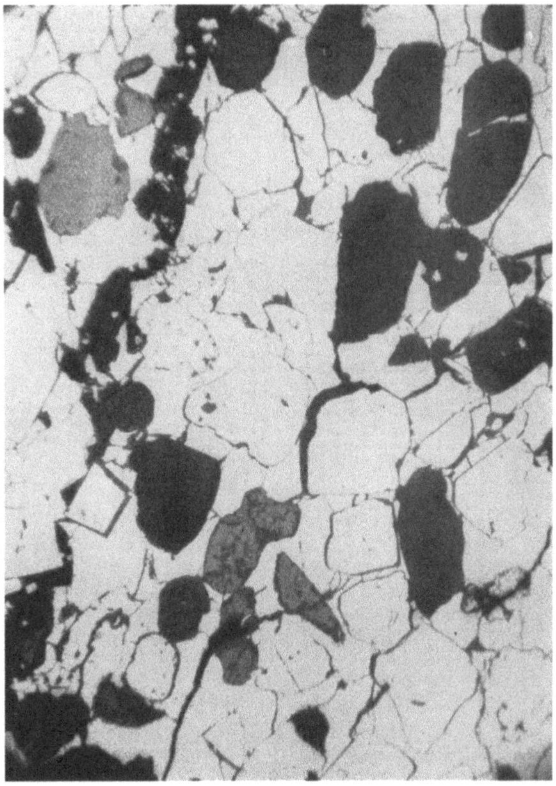

Abbildung 13

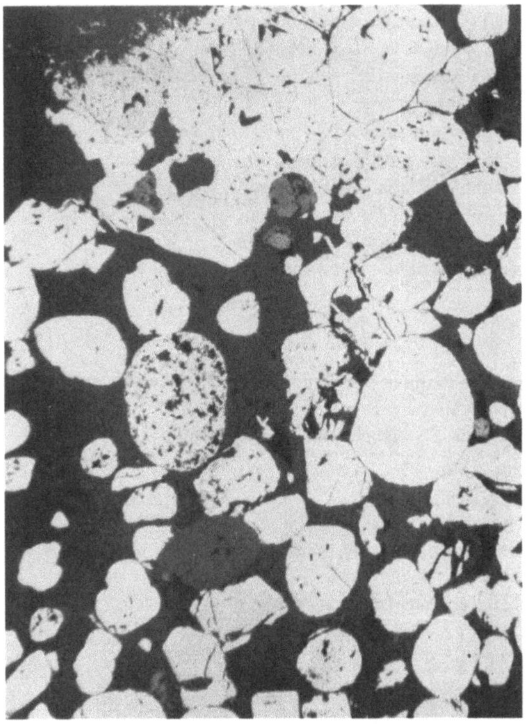

Abbildung 13a

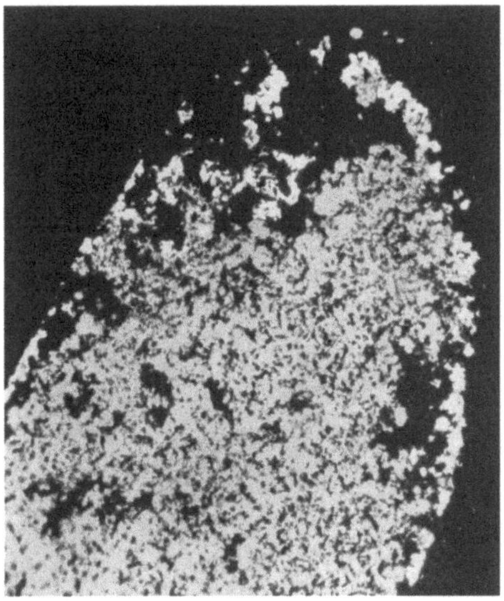

Abbildung 14

15. Ausschnitt aus etwa 2 mm großem *Pyritgeröll*. Eigentümliche rhythmische Knöllchen, die sehr an Formen in ganz jugendlichen, zweifellos bakteriell gefällten *Pyriten* (z. B. aus *bituminösen Tonen*) erinnern. Vergr. 250×, Imm.
1868/7534b Black Reef Channel, Geduld Mine.

16. Liegendpartie des Monarch Reef, hier mit großer Anhäufung von *Uranpecherzgeröllen*. Diese zeigen vielfach Verkittungen mit einem dem *Uranpecherz* sehr ähnlichen Mineral, das man für umgelagertes *Uranpecherz* halten möchte, in Ölimmersion sich aber als *Brannerit* (mindestens ein naher Verwandter!) ausweist. Vergr. 280×, trocken.
2067/8840 West Rand Cons. Mine.

17. Würfeliger Kristall von *Uranpecherz* mit einer durch die Zersetzung angedeuteten Spur von Spaltbarkeit nach (111). Außen Saum von *Leukoxen* und einigen *Pyritkörnchen*. Vergr. 250×, Imm.
2011/7337b Main Reef, liegendste Partie, F. E. R.

18. *Uranpecherz*, kristallin, mit zonar infiltriertem *Bleiglanz* (rechtes Korn). Vergr. 280×, trocken.
2170/8840 Liegendpartie des Monarch Reefs, West Rand Cons. Mine.

19. Kleiner, wenig abgerollter *Uranpecherzkristall* mit Spaltrissen und radiogenem *Bleiglanz*. Vergr. 280×, trocken.
2159/9019 Government Reef, C-Reef, Afrikander Lease Mine.

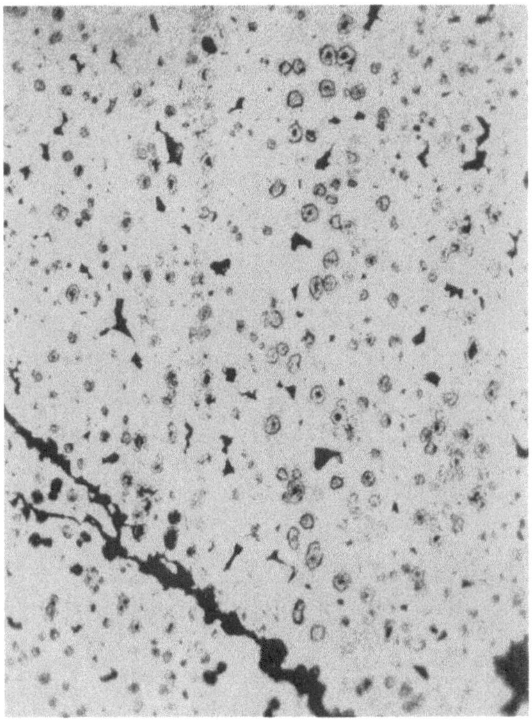

Abbildung 15

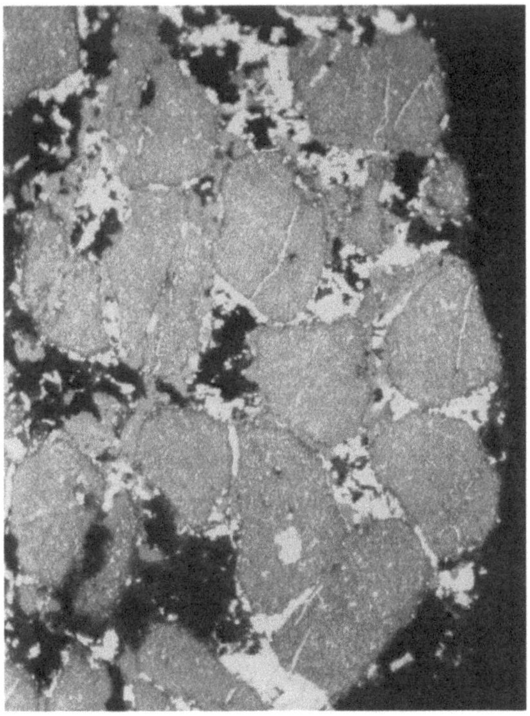

Abbildung 16

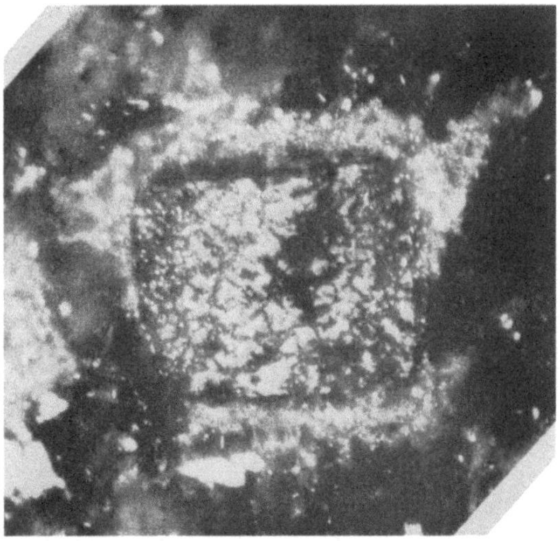

Abbildung 17

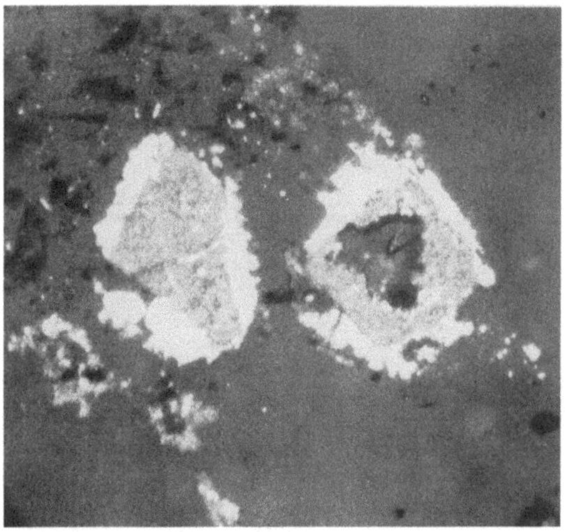

Abbildung 18

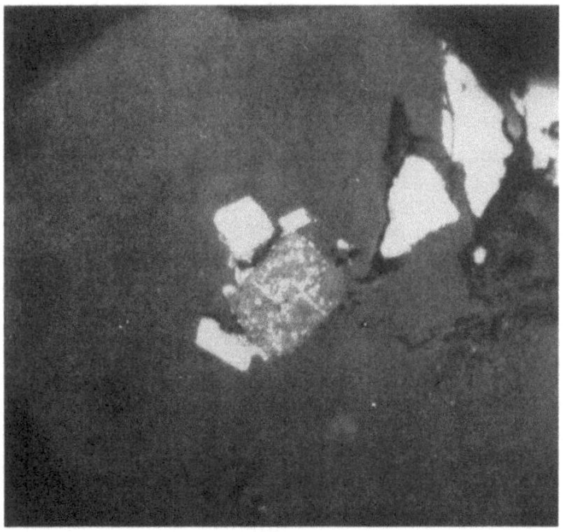

Abbildung 19

20. Knolle von *Brannerit*, bleiglanzdurchstäubt, zwischen zwei *Pyritgeröllen*, von denen das eine sehr stark korrodiert ist. Im *Brannerit* noch erhebliche unverdaute Reste von *Rutil*. Vergr. 200×, Imm.
2073/8821 Vaal Reef, Buffelsfontein.

21. *Brannerit*neubildung um *Uranpecherzgeist*, daneben ein stark zersprungenes und auch korrodiertes Pyritgeröll. Vergr. 250×, Imm.
2245/8898 Upper Monarch Reef, West Rand Cons.

21a. Sehr unruhig erscheinende Strukturen bedingt durch die sehr starke radioaktiv bedingte Korrosion von *Pyritkörnern* inmitten einer starken Anhäufung von *Uranpecherz* und *Brannerit*. Z. T. sind die alten Konturen des *Pyrits* leidlich erkennbar. Vergr. 250×, trocken.
2205/9026 West Rand Cons. Mine.

22. *Rutilnetz* (z. T. sehr regelmäßig orientiert) entstanden aus einem ± //(0001) geschnittenen *Ilmenit* mit reichlicher Hämatitentmischung (*Hämatit* ist restlos weggelöst). Vergr. 200×, Imm.
2076/8835 Channel unter dem Main Reef Leader, Brakpan Mine.

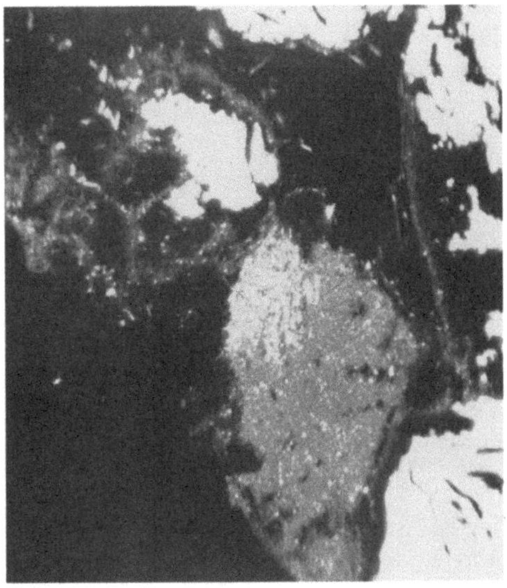

Abbildung 20

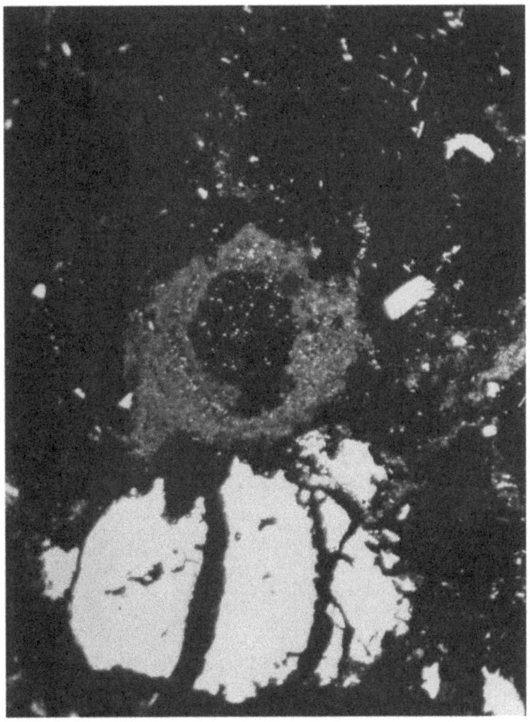

Abbildung 21

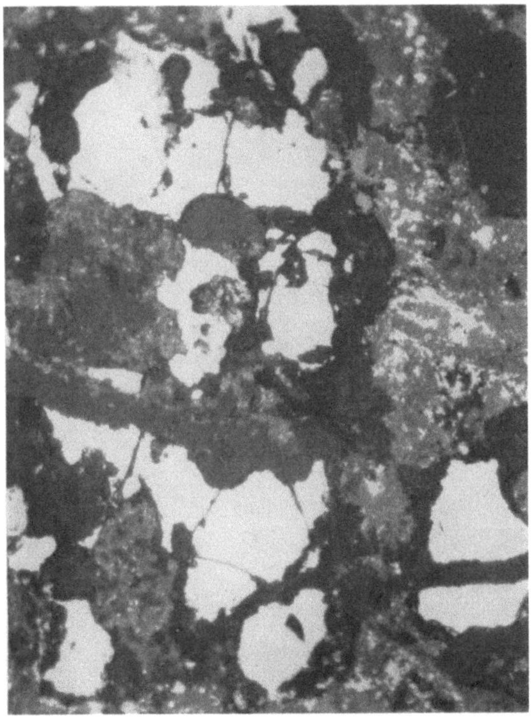

Abbildung 21a

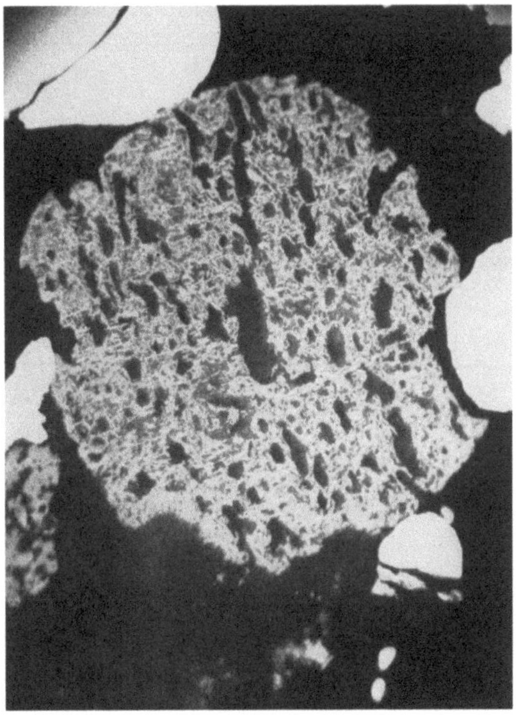

Abbildung 22

23. Lage reich an *Geröllpyriten* mit Staub von feinstem authigenem *Pyrit.* Daneben *Quarz.* Vergr. 8 ×
2146/8949 „Center of the top pebble bed", Buckles Mine, Blind River.

24. Zwei Typen von *Pyrit;* der feinkörnige ist hier vergleichsweise selten, der „klare", oft mit Alteinschlüssen herrscht stark vor. Vergr. 70 ×
2150/8938 Buckles Mine, Blind River.

25. „*Klar*" weitergewachsenes poröses Geröll, das später ohne Rücksicht auf Weiterwachsungen tief korrodiert ist. Vergr. 250 ×
1952/8420 b Pronto Mine, Blind River.

26. Extrem (und ungewöhnlich) stark „wurmfraßartig" korrodiertes Geröll, z. T. mit kleinen Mengen neugebildeten *Pyrrhotins* oder aus diesem entstandenem *Markasit.* Vergr. 150 ×
2160/8946 Buckles Mine, Blind River.

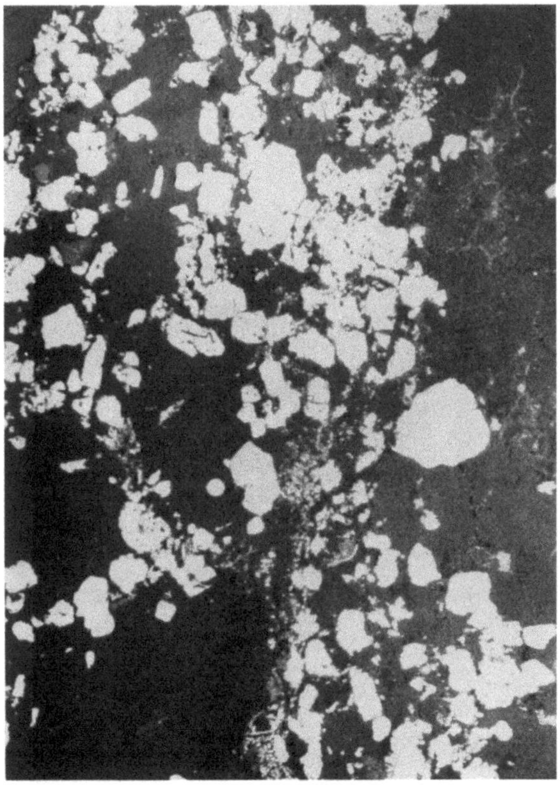

Abbildung 23

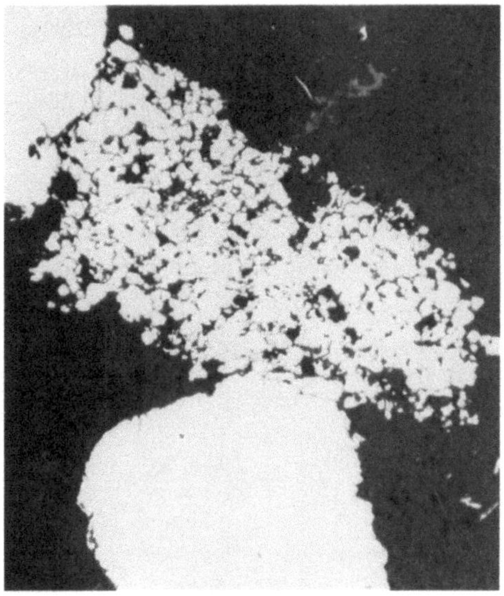

Abbildung 24

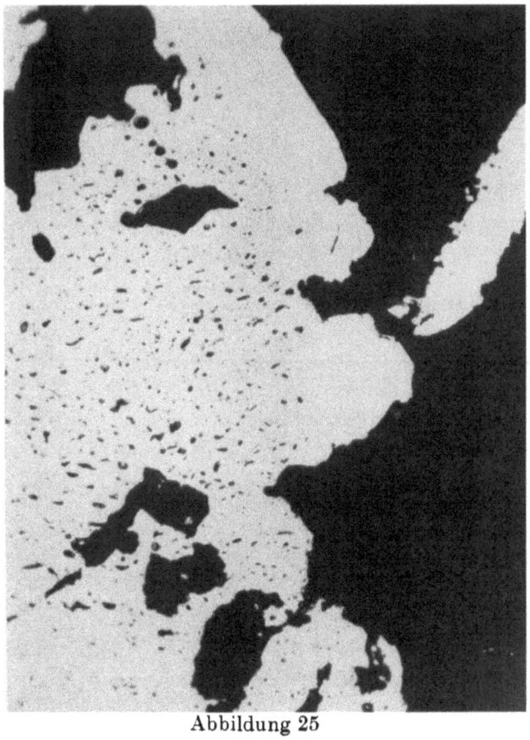

Abbildung 25

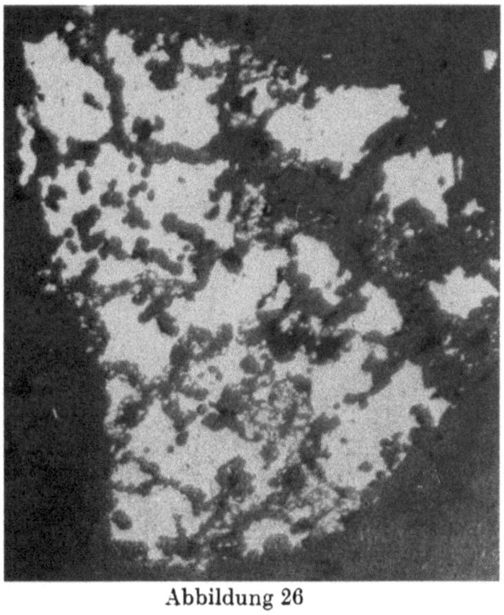

Abbildung 26

27. *Brannerit* neben *Rutilresten* in einem ehemaligen *Ilmenitgeröll*. Man erkennt, daß der *Rutil* in alten *Anatasformen* vorliegt. Vergr. 150 ×
2247/8949 Buckles Mine, Blind River Distr. Ont.

28. Anhäufung von *Uranpecherzgeröllen* in allen, meist aber geringen Stadien der Abrollung. Manchmal Reste von Kristallformen sehr deutlich. *Pyrite* z. T. stark korrodiert. Vergr. 80 ×
2026/8419 Pronto Mine, Blind River.

29. *Uranpecherzgerölle*, z. T. mit Kristallformen und Spaltbarkeit. Daneben *Pyrit*, wechselnd stark magmatisch korrodiert. Manchmal Anfang von „Geister"bildung. Vergr. 150 ×
1892/8085 Pronto Mine, Blind River.

30. *Uranpecherzgeröll* mit sehr guter Spaltbarkeit. Auf Spaltrissen und im Innern radiogen gebildeter *Bleiglanz*. Vergr. 500 ×, Imm.
2025/8419 Pronto Mine, Blind River.

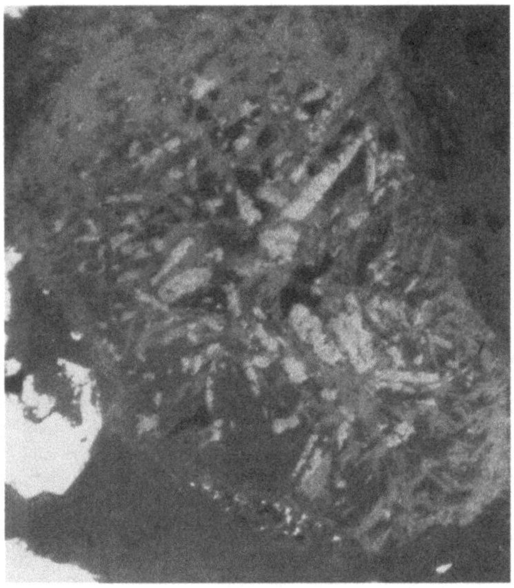

Abbildung 27

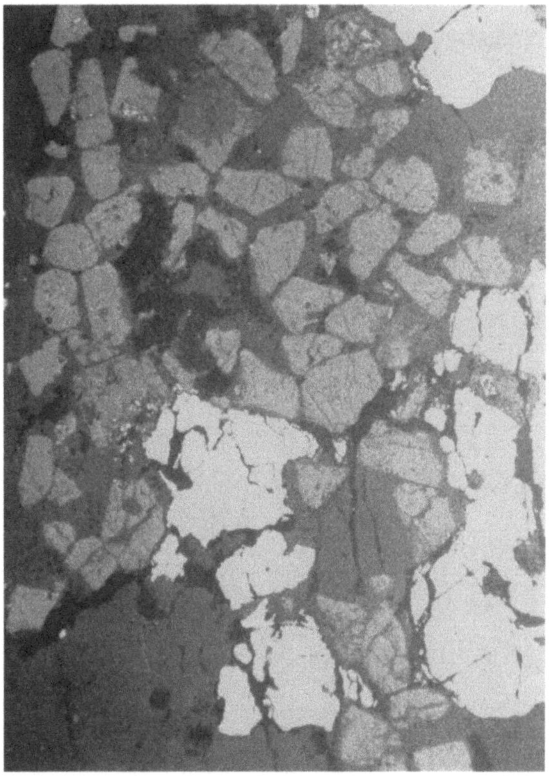

Abbildung 28

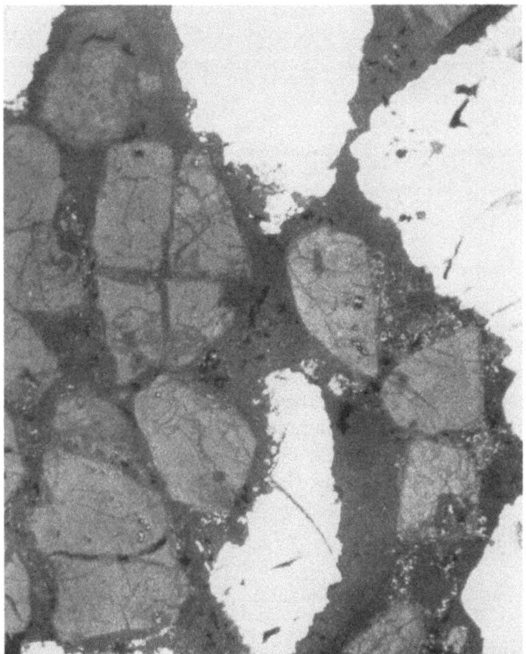

Abbildung 29

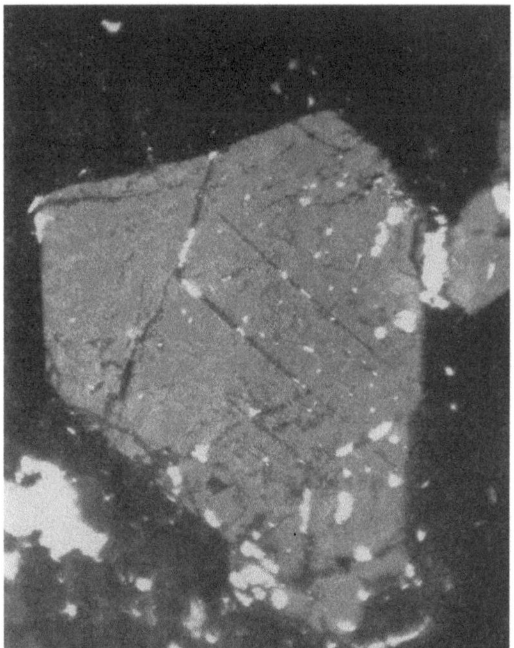

Abbildung 30

31. Liegendes eines Sedimentationsrhythmus! Eine fast durchlaufende Schnur von *Uranpecherzgeröllen* gibt eine scharfe Grenze, daneben Gerölle von *Pyrit* (gemäß dem geringeren spezifischen Gewicht von erheblich größerem Durchmesser, wobei aber zu bemerken ist, daß die *Uranpecherzkörner* offenbar schon in der Ausgangslagerstätte sehr ähnliche Größe hatten). Vergr. 30×
/8938b Stope E3, Buckles Mine, Blind River.

32. *Uranpecherzkörner*, von innen heraus zersetzt (?deszendent?). Daneben *Quarz*. Vergr. 150×
1999/8569 Algom Nordic Mine, Blind River.

33. *Pyrit* umhüllt *Uranpecherzgerölle*. Vergr. 250×, Imm.
1953/8419 Pronto Mine, Blind River.

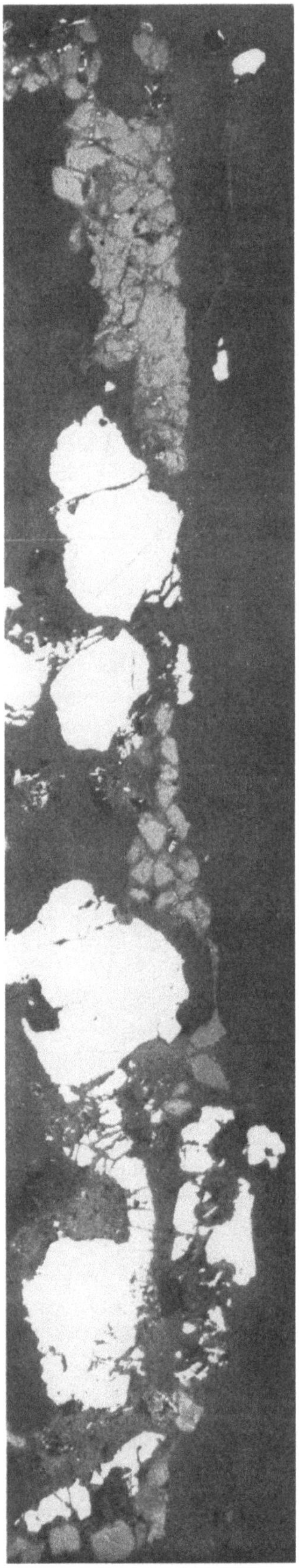

Abbildung 31

Abbildung 32

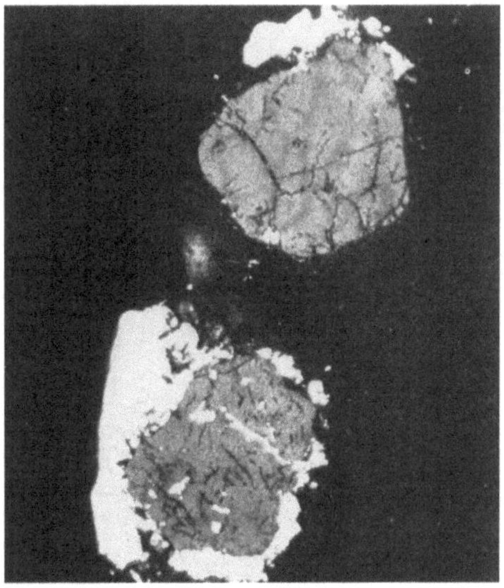

Abbildung 33

34 a. Haufen von großen *Uranpecherz*-„*Geistern*" mit reichlich Relikten. Die weiß erscheinenden Massen im Bindemittel sind wahrscheinlich *Brannerit*, Vergr. 250 ×, Imm.
1957/8420 a Pronto Mine, Blind River.

34 b. Dasselbe, aber + Nicols, 1958/8420 a

35. *Uranpecherzgeister*, daneben *Valleriit* (x) Vergr. 150 ×, Nicols +
1956/8420 a Pronto Mine, Blind River.

36. Partie mit reichlich *Schwermineralien* neben grobem *Quarzgeröll*. *Uranpecherz* (lichtgrau), zwei Körner, eines davon etwa zur Hälfte in *Brannerit* (ebenfalls lichtgrau) verwandelt. *Wenig Pyrit*. Vergr. 150 ×
1960 b/8411 Pronto Mine, Blind River.

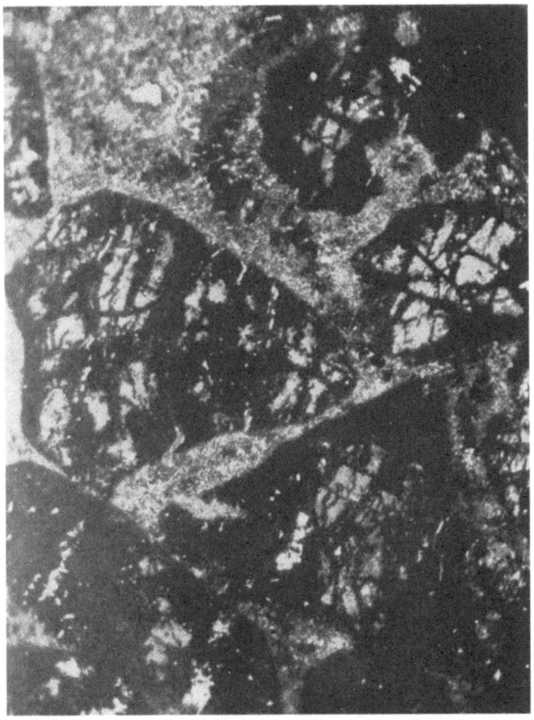

Abbildung 34a

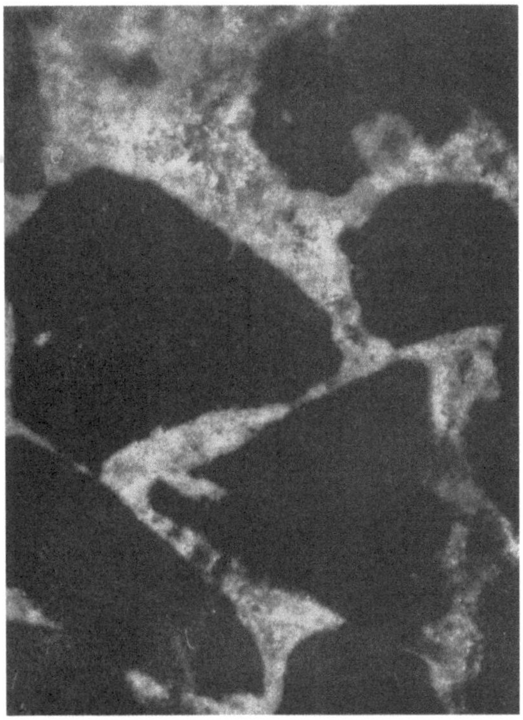

Abbildung 34b

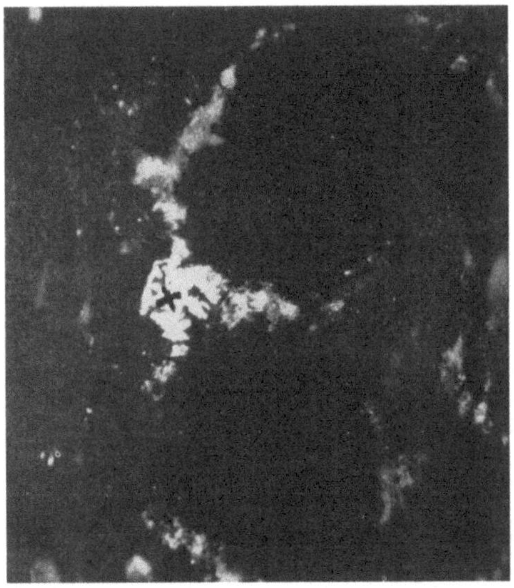

Abbildung 35

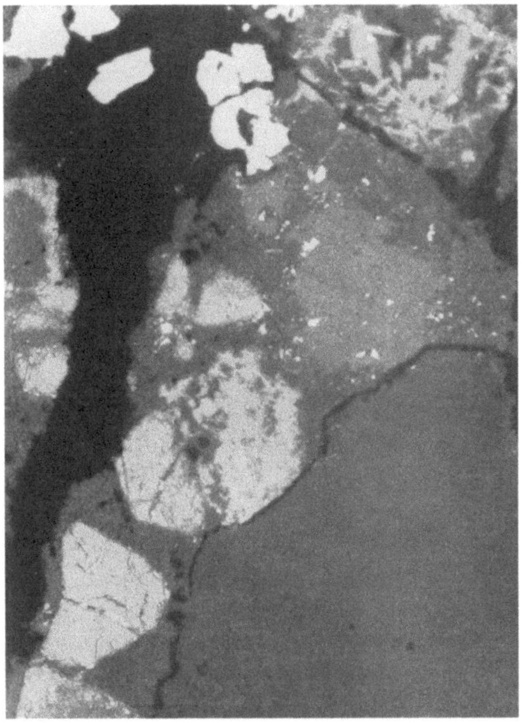

Abildung 36

37. Knolle von *Rutil* (aus *Ilmenit*) ist hier restlos in *Brannerit* verwandelt. *Pyrit*, z. T. korrodiert. Mattgrau ist *Sericit*(?), fast schwarz *Quarz*. Vergr. 150 ×
1951/8020b Pronto Mine, Blind River.

38. Besonders große Knolle von *Brannerit*. Im allgemeinen sind die Branneritkristalle von Buckles schlanker als die von Pronto. Vergr. 150 ×
2157/8947(b) Buckles Mine, Blind River.

39. Große Knolle von *Brannerit* mit dünnen Tafeln von *Magnetkies*. Vergr. 150 ×
2015/8557 Pronto Grube, Blind River.

40. *Branneritknolle*, hier besonders kompakt, mit umgelagertem *Bleiglanz*. Vergr. 250 ×, Imm.
2018/ Pronto Mine, Blind River.

41. Sehr grobes Aggregat von *Brannerit* mit deutlicher feinster Durchstäubung bestehend aus *Anatas*. Weiß ist teils Bleiglanz, teils Magnetkies. Vergr. 200 ×, Imm.
1961/8418 Pronto Mine, Blind River.

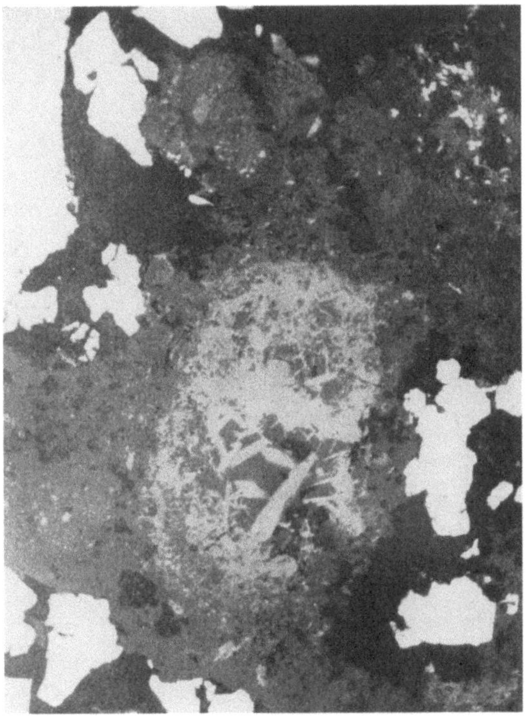

Abbildung 37

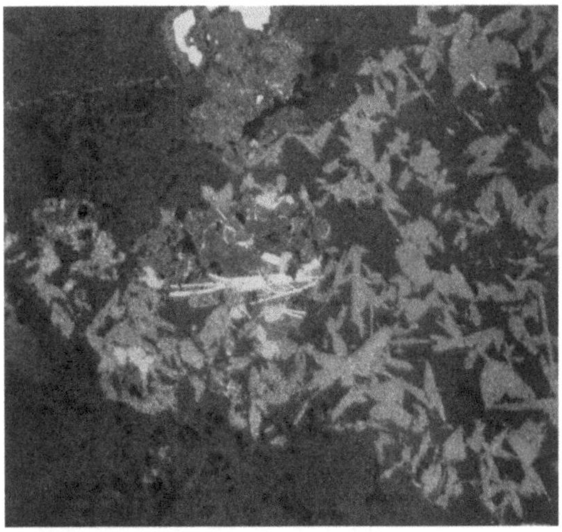

Abbildung 39

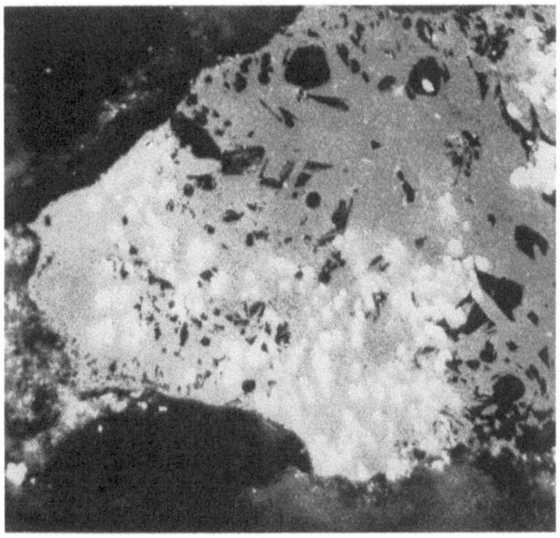

Abbildung 40

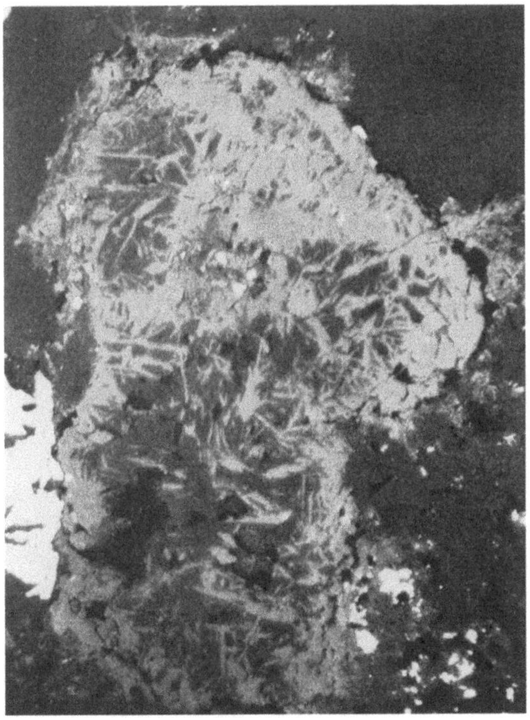

Abbildung 38

Abbildung 41

42. Große Kristalle von *Brannerit* mit besonders zonar angereichertem *Anatas*. Vergr. 450 ×, trocken
2016/8557 Pronto Mine, Blind River.

43. *Brannerit* entstanden aus *Rutilzerreibsel* an einer Bewegungsbahn, z. T. mit feinschuppigem *Magnetkies*. Daneben stark korrodierter *Pyrit*. Vergr. 150 ×
1950/8020 b Pronto Mine, Blind River

44. *Thucholithbildung* durch Umhüllung des *Uranpecherzes* mit „kohliger Substanz". Hier tritt dann die „Pronto-Reaktion" nicht ein. Vergr. 250 ×, Imm.

45. *Brannerit* bildet das *Ilmenitskelett* eines weggelösten *Titanomagnetits* ab. Vergr. 250 ×, Imm.
1962/8418 Pronto Mine, Blind River.

46. *Brannerit* bildet einen ehemaligen *Ilmenitkristall ab*. Vergr. 250 ×, Imm.
1984/8415 Pronto Mine, Blind River.

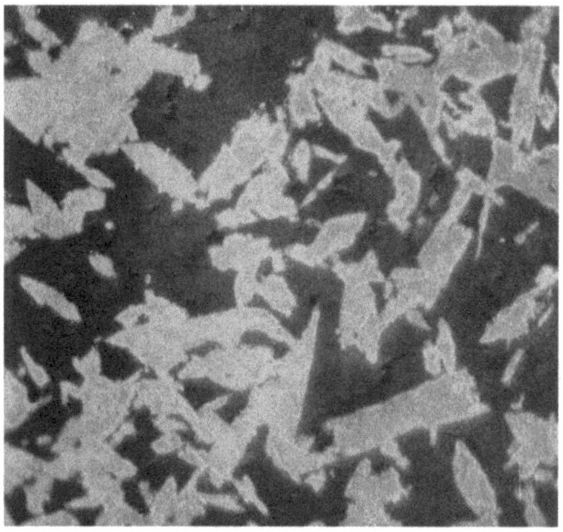

Abbildung 42

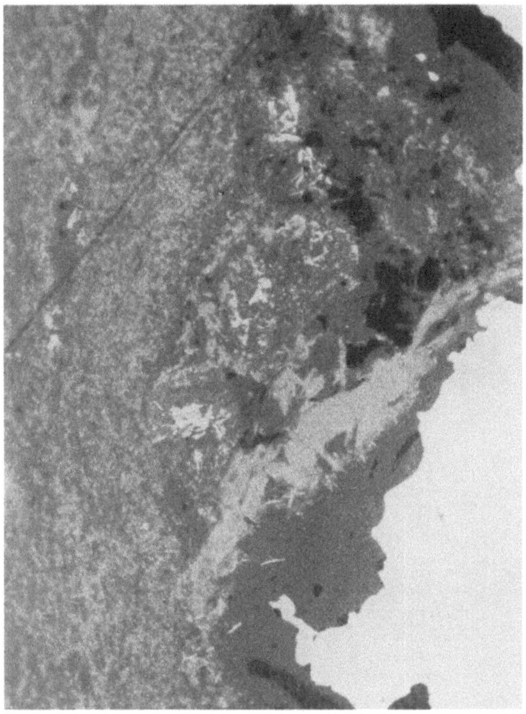

Abbildung 43

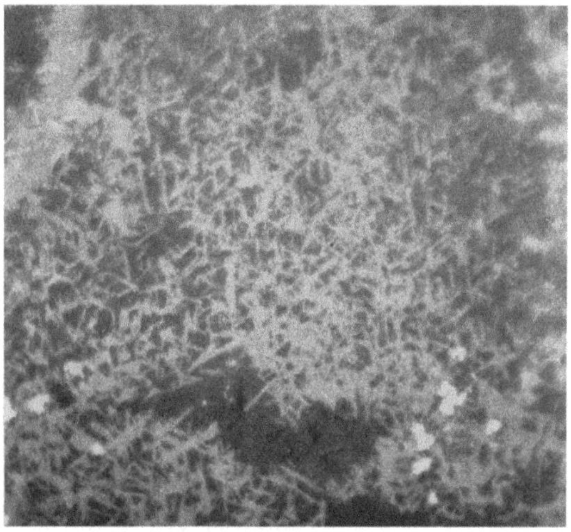

Abbildung 45

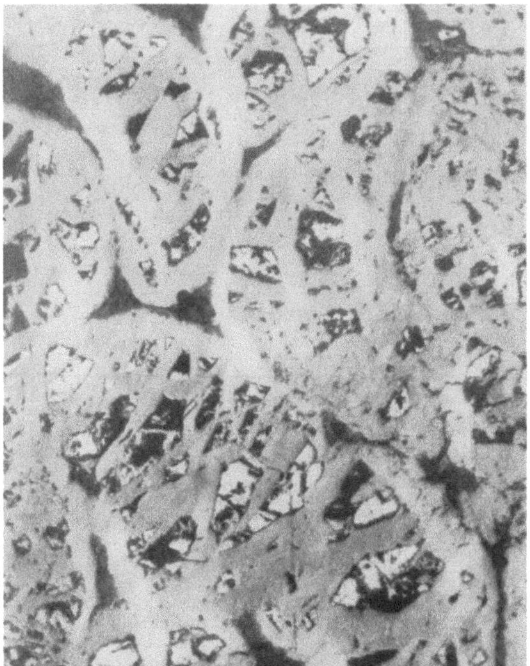

Abbildung 44

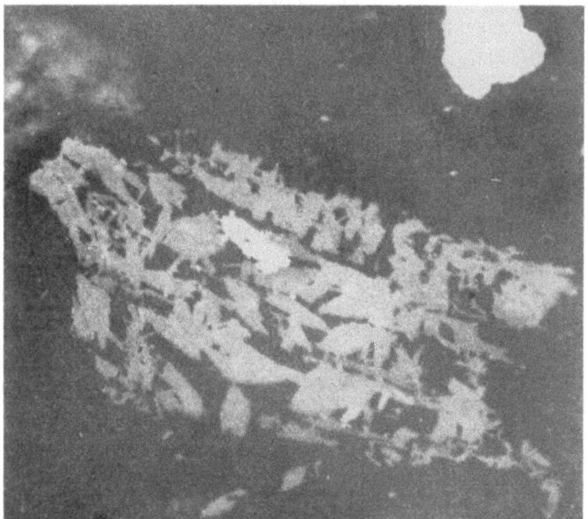

Abbildung 46

47. Geröll eines sehr großen *Branneritkornes*, vielleicht aus einem *Pegmatit*, daneben feinster Staub von detritogenem *Brannerit*. Vergr. 250 ×, Imm.
2017/8420 a Pronto Mine, Blind River.

48. *Brannerit* (mittelgrau) verdrängt ausnahmsweise hier auch kompakten *Rutil* (lichtgrau). Weiß *Pyrit*, z. T. korrodiert. Vergr. 70 ×
2126/8935 Spanish American Mine, Blind River.

49. *Pyritgeröll*, extrem stark korrodiert. Außen Kruste und z. T. Kanäle mit *Magnetkiestafeln*, z. T. weiter außen *Brannerit*, z. T. ein anderes *Uranmineral*. Vergr. 450 ×, trocken
2186/8938 b Buckles Mine, Blind River.

50. *Kohlige Substanz* mit eigentümlichen, Algen- oder Bakterienformen ähnlichen Strukturen. Vergr. 250 ×, Imm.
2130/8947 Buckles Mine, Blind River.

51. *Pyritgerölle* wechselnder Größe verkittet mit *Quarz*. Die Gerölle sind hier alle vom „einkristallinen" Typ. Vergr. 45 ×
2179/8855 b Bramley Mine, Dominion Reef.

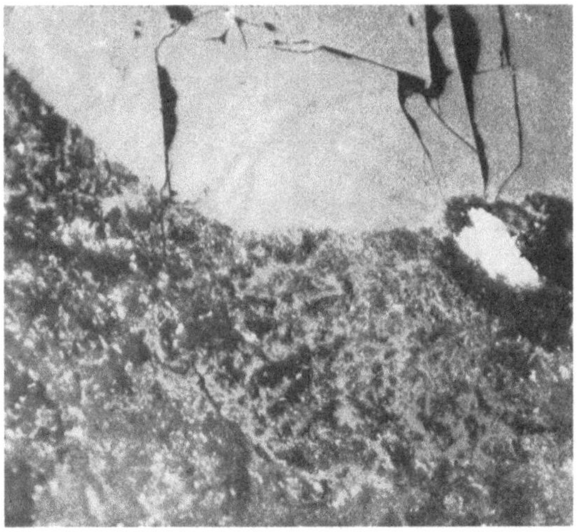

Abbildung 47

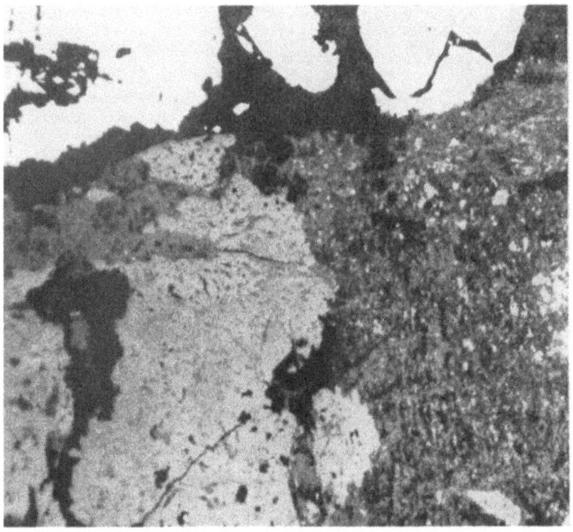

Abbildung 48

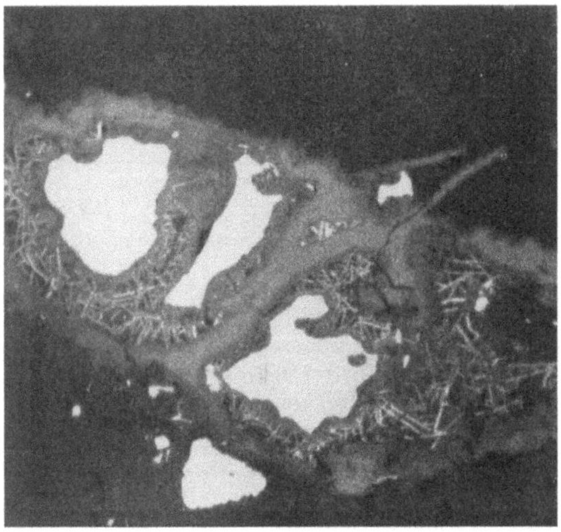

Abbildung 49

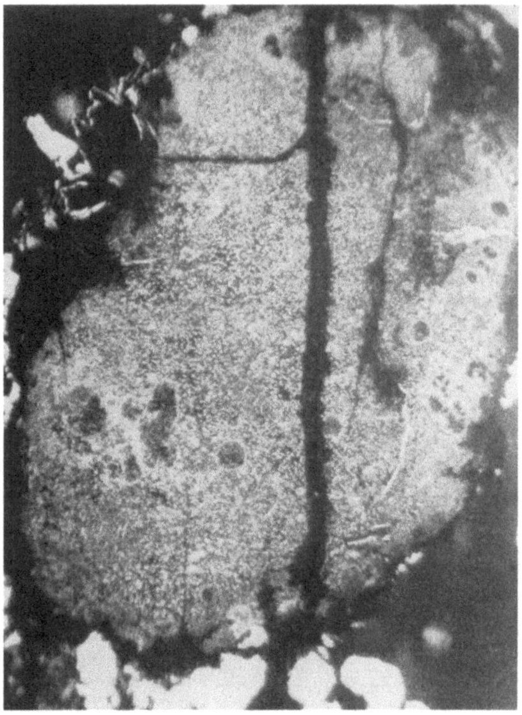

Abbildung 50

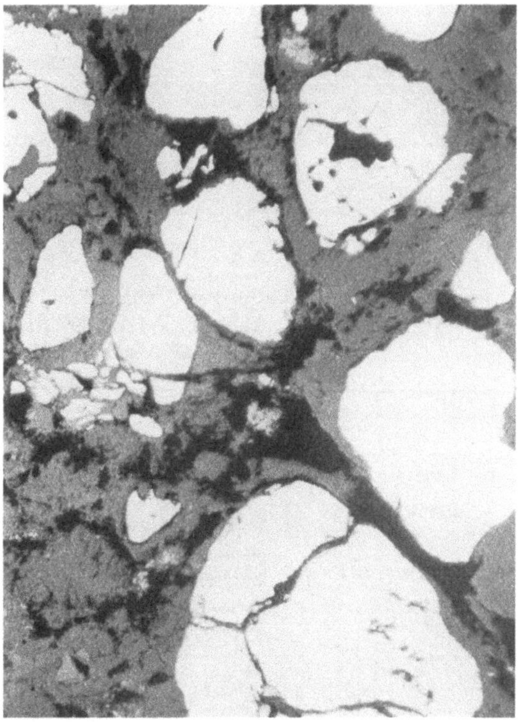

Abbildung 51

52. *Pyritgeröll* mit Einschlüssen von *Quarzscherben* (vergl. 12b, Abb. 39). Vergr. 250×, Imm.
2014/8644 Afrikander Mine, Dominion Reef.

53. *Pyrit*, z. T. sehr stark korrodiert, mit *Brannerit*, ?y, *Quarz* u. a. Vergr. 150×
2079/ Bramley Mine, Dominion Reef.

54. *Pyrit*, hier ganz ausnahmsweise noch in großem *Gangquarzgeröll*, das etwa die Hälfte des Bildes einnimmt, weitergewachsen in die aus feinkörnigem *Quarz* und *Sericit* bestehende Zwischenmasse. Alte Grenze ist gut erkennbar. Vergr. 150×
2248/8773 Dominion Reef, K. C. G. Mine, Klerksdorp.

55. *Arsenkies*, stark angefressen, neben ebenfalls angefressenem *Pyrit*, außen vielfach *Brannerit*. Vergr. 150×
2249/8855b Dominion Reef Grube, Klerksdorp.

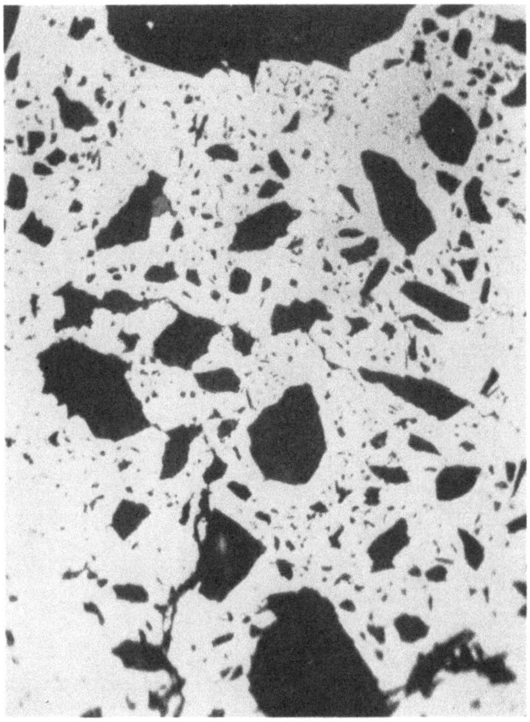

Abbildung 52

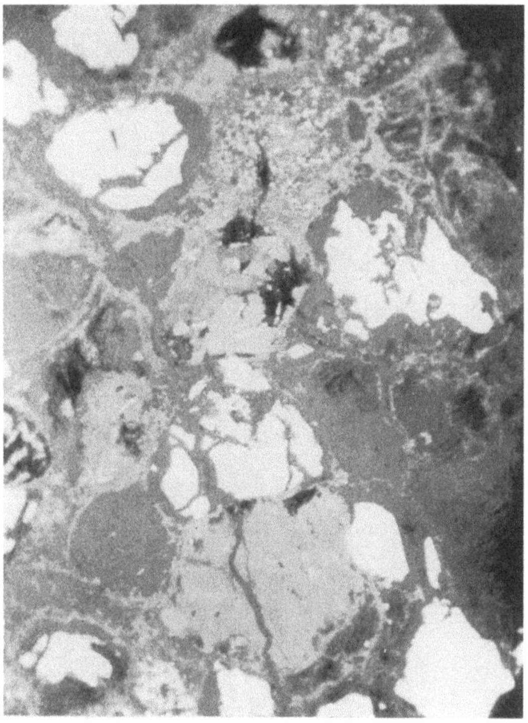

Abbildung 53

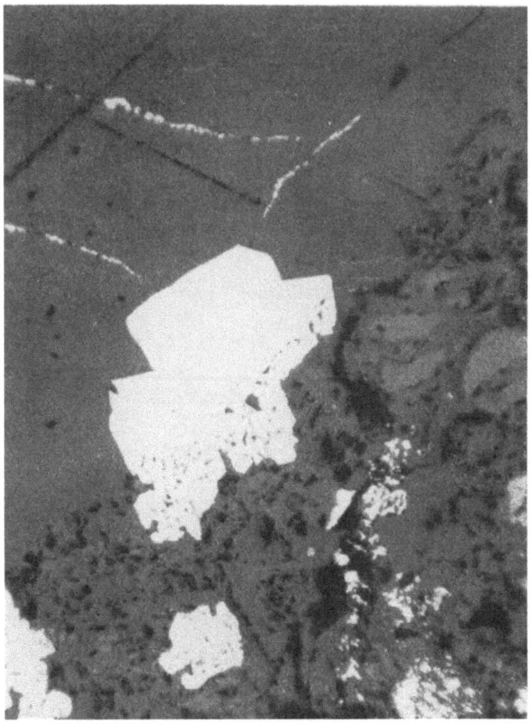

Abbildung 54

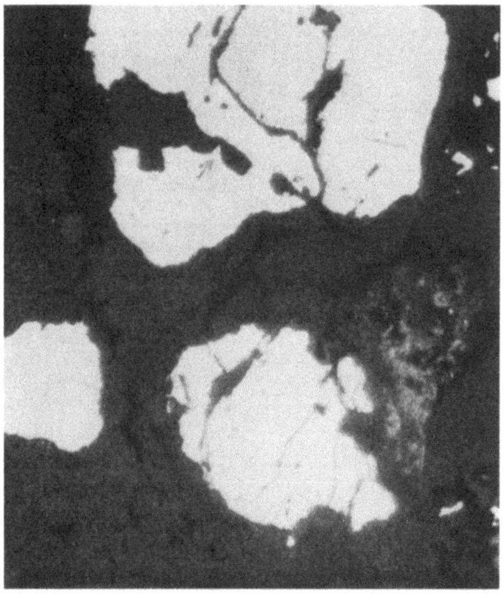

Abbildung 55

56. Anhäufung von *Uranpecherzgeröllen* am Liegenden des Sedimentationsrhythmus. Daneben *Pyrit, Monazit,* ?y u. a. Vergr. 150×
2034/8640 Afrikander Mine, Dominion Reef.

57. *Uranpecherzgerölle,* z. T. idiomorph und z. T. mit deutlichem Zonenbau, korrodierter *Quarz.* Vergr. 200×, Imm.
2070/8857 Bramley Mine, Dominion Reef.

58. Großes Korn von *Uranpecherz,* wenig abgerollt. An gewissen Netzebenen (Reste von Spaltbarkeit) hat sich radiogener *Bleiglanz* angereichert. Vergr. 500×, Imm.
2187/8856 Bramley Mine, Dominion Reef.

59. Aggregat von *Rutil,* der über charakteristische *Anatasformen* aus *Ilmenitgeröll* entstanden ist. Vergr. 150×
2180/8855a Bramley Mine, Dominion Reef.

60. Feine *Branneritnadeln* und Körner (mattgrau) neben Resten von *Rutil* (hellgrau) aus einem ehemaligen *Ilmenitgeröll.* Vergr. 280×, trocken
2181/8636 Afrikander Mine, Dominion Reef.

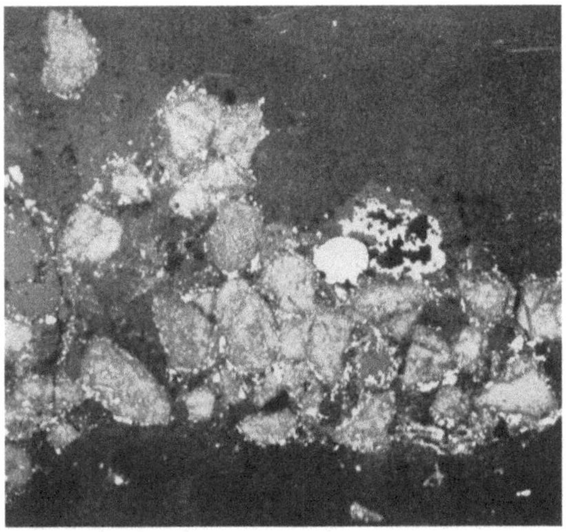

Abbildung 56

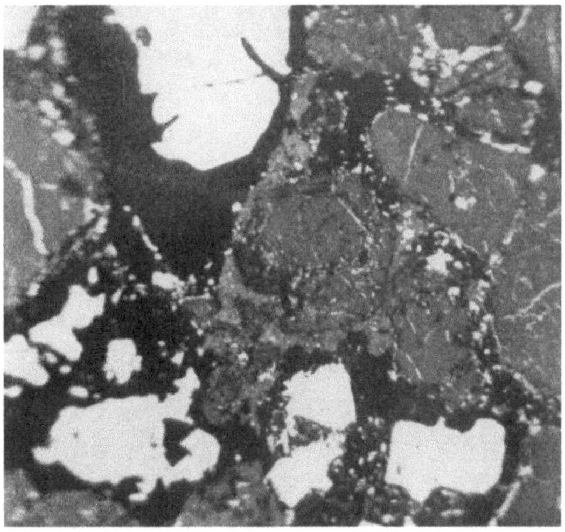

Abbildung 57

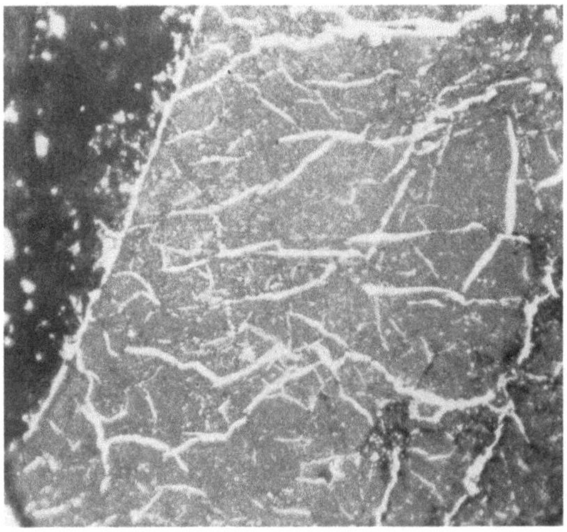

Abbildung 58

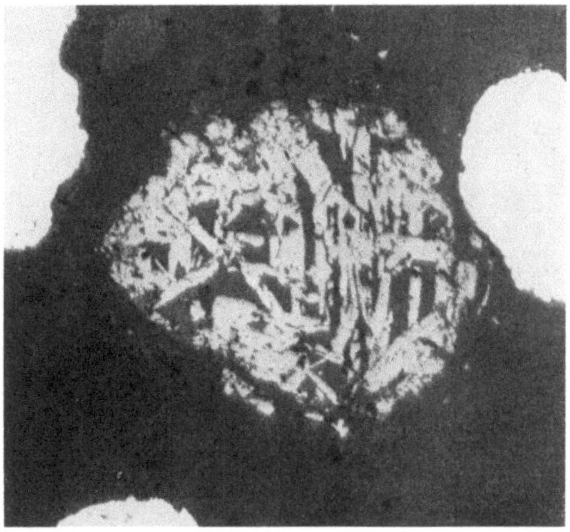

Abbildung 59

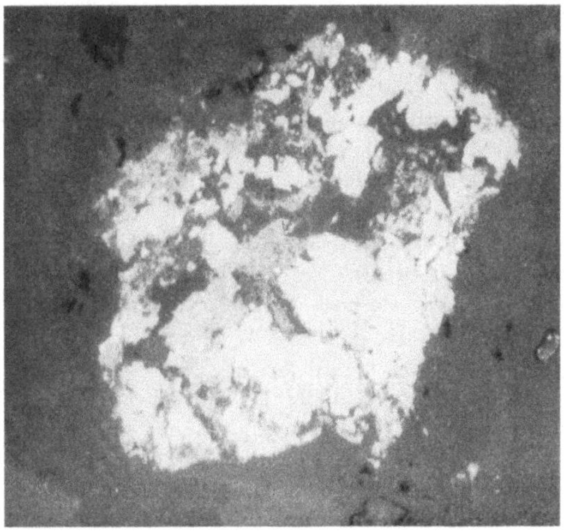

Abbildung 60

61. Ähnlich 60, hier der *Brannerit* aber noch feiner nadelig (Immersion hebt die Helligkeitskontraste). Vergr. 500 ×, Imm.
2010/8636a Afrikander Mine, Dominion Reef.

62. Große *Branneritknolle* aus ehemaligem *Ilmenitgeröll. Brannerit* hier ausgezeichnet feinnadelig. Vergr. 200 ×, Imm.
2066/8859 Bramley Mine, Dominion Reef.

63. Knolle von *Brannerit* (trüb durch *Anatas*) mit reichlichen *Magnetkiestafeln* (weiß). Vergr. 250 ×, Imm.
2065/8820a Rhenosterhoek Section, Dominion Reef (lower horizon).

64. *Branneritknolle* (groß), innig und hier besonders reichlich durchwachsen mit *Magnetkies.* Kleine *Branneritknolle* ist vielleicht aus *Uranpecherz* entstanden, von denen noch 3 Körner einigermaßen intakt erhalten sind. Vergr. 250 ×, Imm.
2035/8640 Afrikander Mine, Dominion Reef.

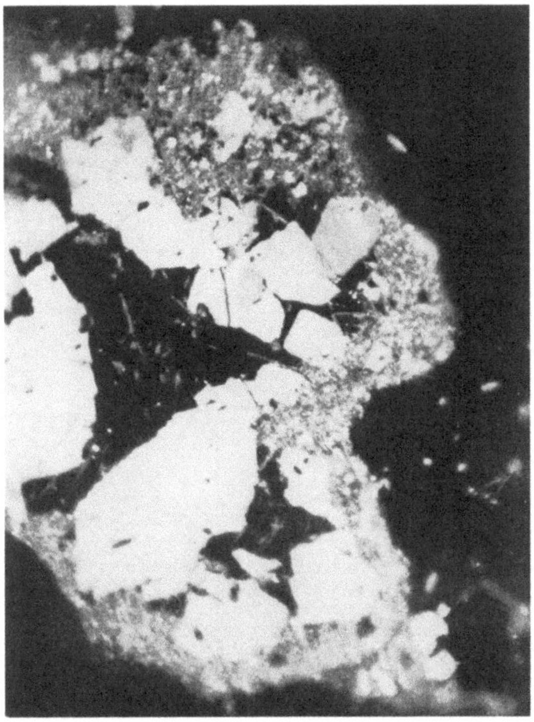

Abbildung 61

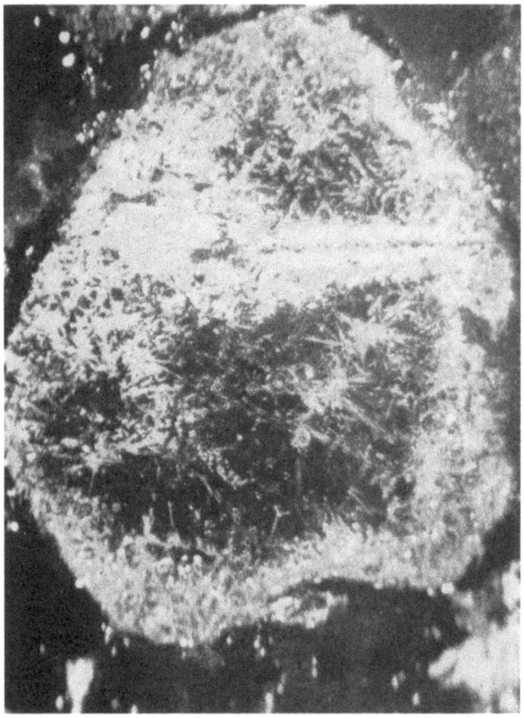

Abbildung 62

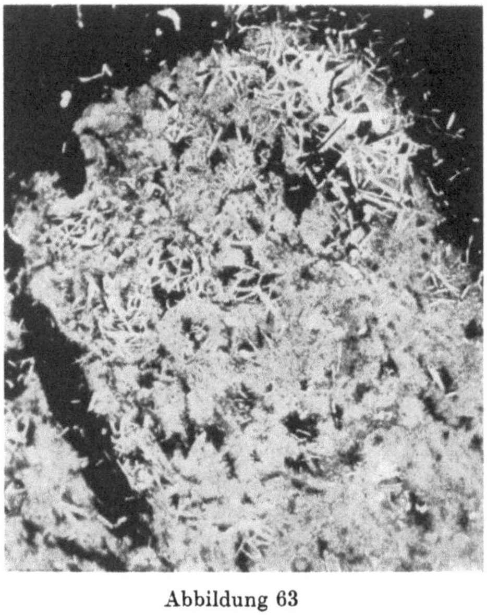

Abbildung 63

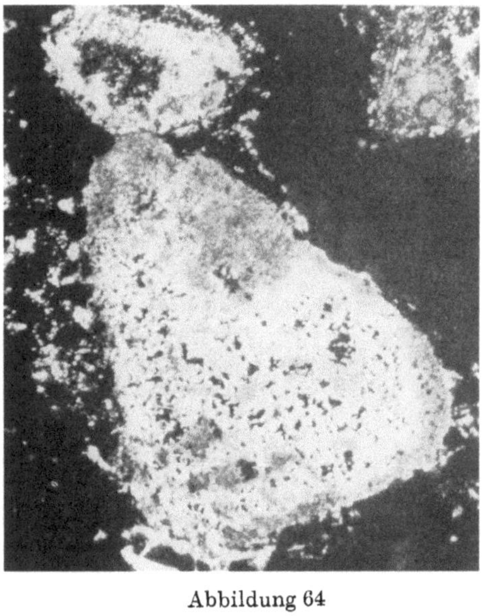

Abbildung 64

65. Pseudomorphosen nach *Ilmenit*, eine großenteils noch erhalten in *Rutil*, eine weiter verwandelt in *Brannerit*. Vergr. 250 ×, Imm.
2027/8641 b Bohrung Africander Mine, Dominion Reef.

66. Neubildung von *Magnetkiestäfelchen* in *Branneritmassen*, neben Resten von *Uranpecherz* (×). Vergr. 280 ×, trocken
2080/8821 Bramley Mine, Dominion Reef.

67. Unbestimmtes *radioaktives Mineral x* eingelagert in *Quarz*, der durch die Selbstisotropisierung von *x* gesprengt ist. Die Sprengrisse z. T. von *Pyrit* infiltriert. Vergr. 150 ×
2009/8642 Afrikander Mine, Dominion Reef.

68. Unbestimmtes *radioaktives Mineral y* (glatt, mittelgrau), das z. T. unter Bildung von *Brannerit* (mit *Magnetkies*) zersetzt ist. Daneben *Rutilpseudomorphosen* nach *Ilmenit* (lichtgrau), ein *Monazitgeröll* (ziemlich dunkelgrau), alles in *Quarz* (fast schwarz). Vergr. 150 ×
2019/8643 b Afrikander Mine, Dominion Reef.

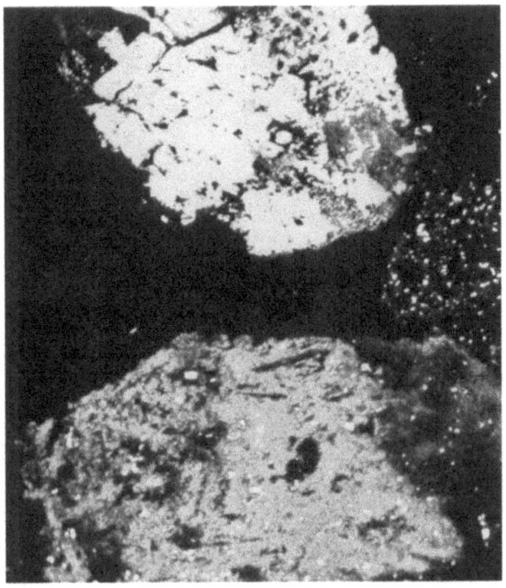

Abbildung 65

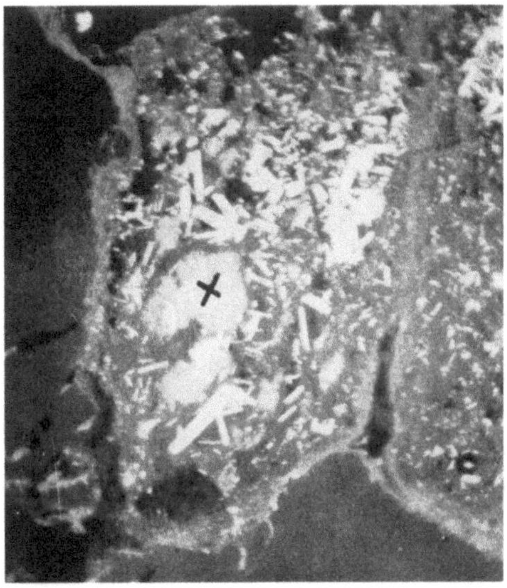

Abbildung 66

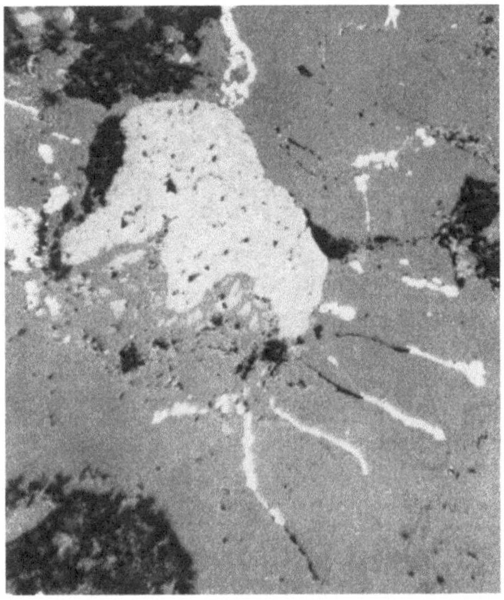

Abbildung 67

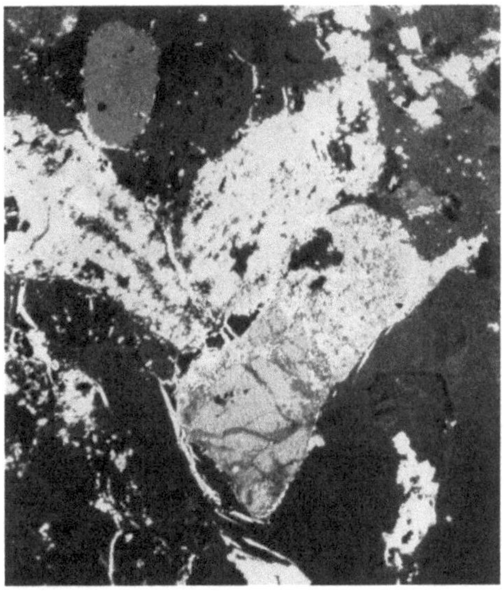

Abbildung 68

69. Unbestimmtes *radioaktives Mineral z*, wahrscheinlich *zirkonähnlich*, das aber für diesen viel zu große Mengen *radiogenen Bleiglanzes* führt. Stark zonar. Vergr. 250×, Imm.
2017/8637 Afrikander Mine, Dominion Reef.

70. Geröll von *Spinell* (im Durchlicht eine fast farblose Varietät), mit reichlich Klüften, die meist mit *chloritähnlichen Mineralien* erfüllt sind. Vergr. 35×
2088/8855b Bramley Mine, Dominion Reef.

71. *Molybdänglanz*, der sich herumschmiegt um eine leicht erkennbare *Titanomagnetitpseudomorphose* (*Ilmenitlamellen* jetzt *Rutil*), wenig *Pyrit*, ein Korn *Monazit*. Vergr. 150×
2081/8857 Bramley Mine, Dominion Reef.

72. Typisches *pyritreiches Konglomerat*, ununterscheidbar von Stücken aus dem Witwatersrand oder Blind River District. Vergr. 8×
2210/9022b Serra de Jacobina, Brasilien.

Abbildung 69

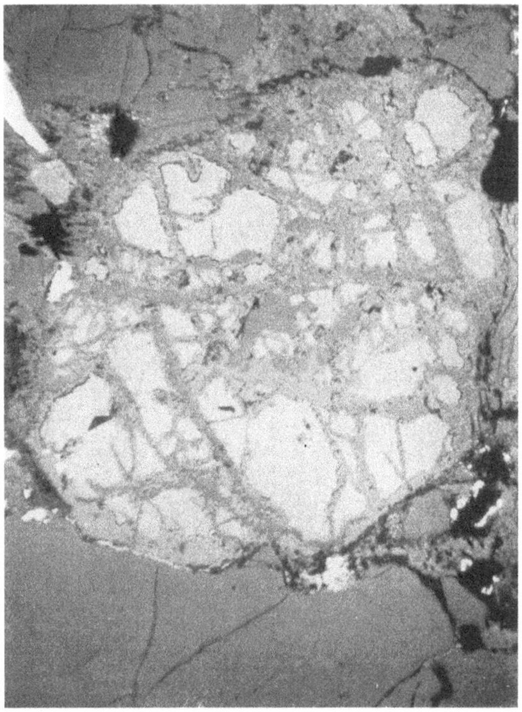

Abbildung 70

Abbildung 71

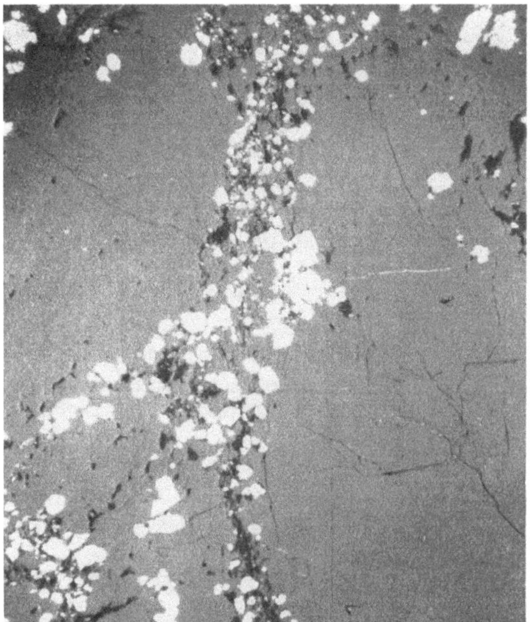

Abbildung 72

73. Im Konglomerat weitergewachsenes Geröll von *Pyrit.* Vergr. 250×, Imm.
2164/9022b Serra de Jacobina, Brasilien.

74. Zwei (vielleicht drei) Typen von *Pyrit.* Von ihnen ist der „klare“ normalerweise die häufigste. Vergr. 150×
2211/9022b Serra de Jacobina, Brasilien.

75. *Körnerpräparat* aus rezenter Seife des Indus. *Magnetit* magnetisch entfernt. — Fraktion 75 — 125μ. *Uranpecherzkristall* (zonar), *Monazit, Ilmenit, Arsenkies*(!), ?*Chromitkristall.* Vergr. 250×, Imm.
2102/8928 Quellgebiet des Indus.

76. Ähnlich wie 74 aber Fraktion 53—74μ. Zerbrochener Kristall von *Uranpecherz, Monazit, Zirkon* (idiomorph), *Ilmenit, Eisenglanz* mit *Ilmenitentmischung.* Links unten („wässeriger Schneeball“) *Scheelit.* Vergr. 250×, Imm.
2103/8927 Quellgebiet des Indus.

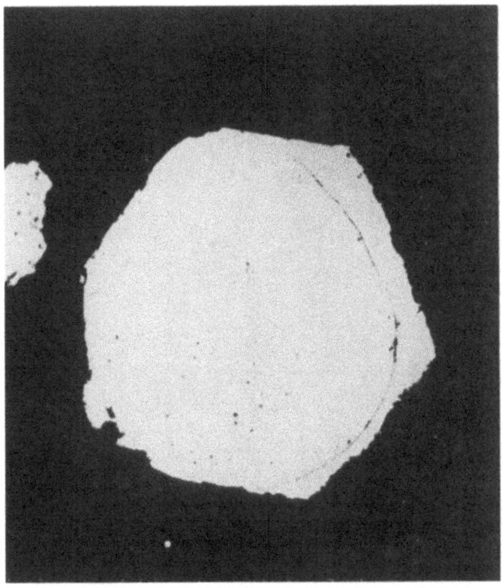

Abbildung 73

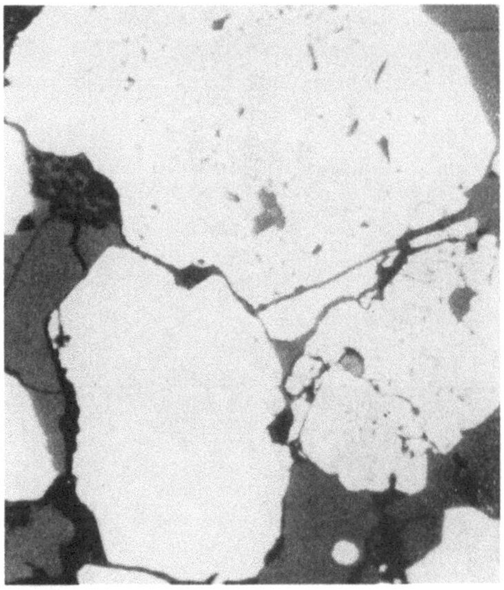

Abbildung 74

Abbildung 75

Abbildung 76

FSC
www.fsc.org
MIX
Papier | Fördert
gute Waldnutzung
FSC® C083411

Kolibri 360 GmbH
Ferdinand-Jühlke-Straße 7
99095 Erfurt, Deutschland
produktsicherheit@kolibri360.de